高职高专院校"十三五"实训规划教材

YOUQI JISHU SHIXUN ZHIDAOSHU

油气集输实训指导书

主 编 辛颖 王岩

主 审 熊军林

西北工业大学出版社

【内容简介】 本书系统地介绍了油气集输工艺仿真、油气管输工艺仿真的实训内容。全书依据油气集输、输油输气岗位操作流程,将实训内容分为 5 个情境,12 个项目,24 个操作任务进行编写,每个任务分为实训目的、实训原理、实训器材、操作步骤和思考题 5 个部分。

本书内容突出了油气集输、油气管输岗位操作性,可供高职院校油气开采技术专业师生教学使用,也可供相关职业技能培训人员参考。

图书在版编目(CIP)数据

油气集输实训指导书/辛颖,王岩主编 . —西安:西北工业大学出版社,2016.11
ISBN 978 - 7 - 5612 - 5154 - 6

Ⅰ.①油… Ⅱ.①辛… ②王… Ⅲ.①油气集输—高等职业教育—教学参考资料 Ⅳ.①TE86

中国版本图书馆 CIP 数据核字(2016)第 289688 号

策划编辑:杨 军
责任编辑:张珊珊

出版发行:西北工业大学出版社
通信地址:西安市友谊西路 127 号 邮编:710072
电 话:(029)88493844,88491757
网 址:www.nwpup.com
印 刷 者:陕西向阳印务有限公司
开 本:787 mm×1 092 mm 1/16
印 张:8
字 数:186 千字
版 次:2016 年 11 月第 1 版 2016 年 11 月第 1 次印刷
定 价:22.00 元

延安职业技术学院
《油气集输实训指导书》编委会

编委会成员

主　任　兰培英

副主任　费　真　许彦政　景向伟

委　员　熊军林　武世新　吴晓赟　李国荣　王　岩　申振强

编写成员

主　编　辛　颖　王　岩

编　者　辛　颖　王　岩　高　静　李　影　迟　蕾

主　审　熊军林

行业指导人

企业专家　郝世彦　高嘉喜　董　涛　刘　栋

前　　言

　　本书在内容的选取上遵循能力本位、学以致用、系统优化、循序渐进、求真纳新的原则，突出了高职职业教育的新特点，紧紧围绕油田油气集输生产实际，以油气集输操作技能为主线，分为油水分离操作、原油处理操作、天然气处理操作、污水处理操作和油气输送操作 5 个情境、24 个操作任务。每个情境均按照工艺介绍、流程操作模式编写，语言表述简洁，具有一定的可读性和可操作性，是高职高专油气储运技术专业学生的实训指导教材，亦适合油田在职工人阅读使用。

　　本书具体编写分工：情境一由辛颖编写，情境二由高静编写，情境三由李影编写，情境四由王岩编写，情境五由迟蕾编写。全书由辛颖、王岩统稿，熊军林审核。

　　在编写本书的过程中，我们得到了郝世彦（延长油田勘探开发技术研究中心党委书记、陕西省石油学会理事、教授级高级工程师），高嘉喜（延长石油油田公司研究中心地面室主任工程师、高级工程师），刘栋（延长石油油田公司研究中心助理、工程师）等具有丰富实践经验的延安职业教育集团石油工程类专业教学指导委员会专家的大力支持，还参考了相关资料，在此谨表示由衷的感谢！

　　由于水平所限，书中难免有不当之处，敬请广大读者予以指正。

编　者

2016 年 6 月

目 录

情境一　油水分离操作实训

知识目标：掌握油水分离的基本原理；

掌握两相分离器、三相分离器的基本结构；

熟悉油水分离的工艺流程；

掌握油水分离的操作。

能力目标：能够正确进行油水分离工作；

能够对油水分离中的常见问题进行处理。

素质目标：具有从事油水分离工作的职业素质。

项目一　卧式三相分离器仿真操作

任务一　卧式三相分离器操作概述

一、实训目的

油层中开采到地面的液体是一种组成非常复杂的混合物，而且因地不同、因时而异。除了原油及其伴生的天然气（从 C_1 到 C_7^+ 各组分不等）之外，还有带溶解盐的油层水，其他气体（H_2S，CO_2 等），石蜡、沥青以及机械杂质（砂、黏土、石灰岩）等。因此，油层中开采出的液体主要由原油、蒸馏液或凝析液、天然气或可凝缩蒸汽以及水组成。其中，天然气的几种形态分别为游离天然气、溶解天然气和可凝缩天然气。上述混合物被开采出来后需要经过一定程度的分离，这些分离是通过各种分离器来实现的。

常规的分离装置主要包括两相或三相分离器。分离器通常是圆柱形的容器，有立式的，也有卧式的。在常规的两相分离器中，液体进入分离器后冲击入口转换装置。该冲击使得动量突然变化，并在重力的作用下，使液体落向分离器的底部，并进入下一部分——重力沉降段。当有气体流经这一段时，气体中小的液滴在重力的作用下被分离出，并落向气/液分离界面。液体收集段提供了足够的存留时间，使溶解气从油中溢出并上升到蒸汽段。最后一个分离段是吸雾器，采用叶片、丝网或平板在气体离开容器之前聚结并去除非常小的液滴。

三相分离器将气体从液体中分离出，同时将油从水中分离出。常规的三相分离器包括一个提供液体和气体间实现初步分离的入口转换器。三相分离器的入口转换器与两相分离器不同，它包括一个下导管，可将液体引入油水界面的下方。三相分离器的液体收集段也比两相分离器的收集段长，以提供足够的存留时间来形成位于水面上方的油层和乳化层。界面高度控制器或堰体可以将油水界面保持在设计的高度上，油和水在容器的分离段被最终排出。

二、实训原理

原油处理系统将集中处理来自 QK17-3,QK17-2(后期)以及自身油田的所有井口产液。该系统主要进行油、气、水三相分离,系统中分离出的天然气进入天然气压缩系统,分离出的污水进入污水处理系统。含水原油将被通过海底管线输送至陆上再处理。

WHP1 平台设有 7 口生产井,来自逐个井口的物流首先汇集于生产管汇,随后将通过生产加热器 WI-H-102 加热,进入一级分离器(WI-V-102)。生产加热器为管壳式加热器,与计量加热器 WI-H-101 为同一个橇装器,设计参数均相同。当生产加热器出现故障时,计量加热器可作为其备用设备。来自生产加热器的物流进入一级分离器(WI-V-102)进行油、气、水三相分离,分离出的气体进入气体压缩系统的二级压缩,自由水进入污水处理系统,含水原油进入二级分离器预热器。来自 QK17-3 混相物流首先进入段塞流捕集器(WI-V-105)进行油、气、水三相分离(该容器也将对混输管线中形成的段塞流起缓冲作用)。分离出的天然气进入天然气压缩系统的一级压缩,自由水进入污水处理系统,含水原油将同一级分离器分离出的含水油一同进入二级分离器预热器。

二级分离器预热器将接收来自计量分离器、一级分离器、段塞流捕集器等的含水原油,将其加热到 64～75℃(逐年不同)后,进入二级分离器。该加热器热负荷为 1 653 kW(每台),为管壳式换热器。经过加热的流体进入二级分离器中,进行油、气、水三相分离。分离出的气体进入气体压缩系统,水进入污水处理系统,含水原油进入原油外输泵。本仿真系统主要对原油处理系统中的二级分离器进行仿真。在液体管线出口处设有取样接头,以便取样化验。在容器下部装有一个 2″清扫接头。当停产维修时,可从此接入水蒸气,以清扫容器内的污物。在该分离器上设置了高、低、高高、低低压力和液位报警并关断保护,以及压力释放阀等压力保护系统。

三、实训器材

实训器材见表 1-1～表 1-3,工艺流程见图 1-1。

表 1-1 卧式三相分离器设备列表

序 号	设备号	名 称	说 明
1	WI-V-103	卧式三相分离器	二级分离器,用于油、气、水三相分离
2	WI-P-101A	原油外输泵 A	外输原油
3	WI-P-101B	原油外输泵 B	外输原油

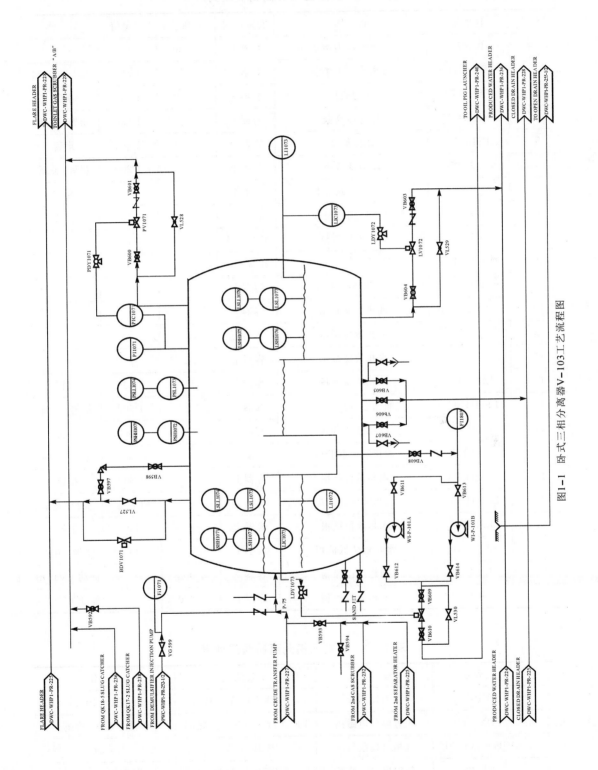

图1-1　卧式三相分离器V-103工艺流程图

表 1-2 卧式三相分离器仪表列表

序号	仪表号	说　明	安装位置	正常值	设定值	动　作
1	PI1071	分离器压力指示	容器上	1 500		
2	PIC1071	分离器压力控制	容器上		1 500	促动 PV1071
3	PSH1072	压力高报	容器上		1 700	报警
4	PSHH1071	压力高高报	容器上		1 800	报警/关断
5	PSL1073	压力低报	容器上		1 300	报警
6	PSLL1074	压力低低报	容器上		1 200	报警/关断
7	PSV1072	弹簧泄压阀控制	容器上		1 850	释放
8	BDV1071	弹簧泄压阀旁路控制	容器上			释放
9	FI1083	101入口流量	101入口			
10	FI1071	原油入口流量	容器入口			
11	TI1071	分离器温度指示	容器上	65		
12	LG1071	油水界面指示	容器上			
13	LI1072	油相液位指示	容器上	770		
14	LI1073	水相液位指示	容器上	745		
15	LSH1072	油相液位高报	容器上		1 400	报警
16	LSHH1071	油相液位高高报	容器上		1 600	报警/关断
17	LSL1073	油相液位低报	容器上		400	报警
18	LSLL1074	油相液位低低报	容器上		230	报警/关断
19	LSH1076	水相液位高报	容器上		1 300	报警
20	LSHH1075	水相液位高高报	容器上		1 500	报警/关断
21	LSL1077	水相液位低报	容器上		400	报警
22	LSLL1078	水相液位低低报	容器上		300	报警/关断
23	LIC1073	油相液位控制	容器上	1 000		促动 LV1073
24	LIC1072	油相液位控制	容器上	1 000		促动 LV1072

表 1-3 卧式三相分离器阀门列表

序号	仪表号	说　明	安装位置	动　作
1	PV1071	压力控制阀	气体出口管线上	量程 0～100%
2	PDY1071	压力应急电磁阀	PIC1071 和 PV1071 之间	促动 PV1071 关断
3	VB600,VB601	气相出口前后阀	PV1071 前后	关断
4	VL528	气相出口旁路阀	PV1071 旁路	量程 0～100%

续表

序　号	仪表号	说　明	安装位置	动　作
5	VB598,VB597	安全泄压装置	PSV1072前后	关断
6	VL527	应急泄压装置	BDV1071主路	量程0~100%
7	VB593	油相物流入口阀	油相入口	关断
8	VB592	气相物流入口阀	气相入口	关断
9	VB605~VB607	固体污垢排出阀	容器正下方	关断
10	VB608	原油出口球阀	原油出口管线上	关断
11	LV1072	水相出口控制阀	水相出口管线上	量程0~100%
12	VB603,VB604	水相出口前后阀	LV1072前后	关断
13	VL529	水相出口旁路阀	LV1072旁路	量程0~100%
14	LDY1072	水相应急电磁阀	LIC1072和LV1072之间	促动LV1072关断
15	LV1073	油相出口控制阀	油相出口管线上	量程0~100%
16	VB609,VB610	油相出口前后阀	LV1073前后	关断
17	VL530	油相出口旁路阀	LV1073旁路	量程0~100%
18	VB611~VB614	离心泵入、出口阀	两台离心泵入、出口	关断

注:以上设备及仪表列表以仿真系统结果为准。

任务二　卧式三相分离器实训操作

一、冷态开车操作步骤

(1)检查各出口管线阀门是否关闭,若未关闭,需要关闭阀门。把压力控制器的压力设定在1 600 kPa以下,以防止压力控制器失调使泄压阀意外打开或压力超过工作压力。

(2)检查容器出口的各管线,观察离开容器的每种流体方向是否正确。

(3)缓慢打开化学药剂进口阀至50%,充入除沫剂等。

(4)缓慢打开原油入口阀至50%,使气液流入容器。当油相液位达到30%时,打开油相出口VB608。

(5)打开原油外输泵101A入口阀VB611。启动离心泵101A。打开101A出口阀VB612。

(6)打开原油外输泵101B入口阀VB613。启动离心泵101B。打开101B出口阀VB614。

(7)打开液位控制器前阀VB609。打开液位控制器LIC1073,阀门开度至50%左右。

(8)打开液位控制器后阀VB610。打开水相液位控制器的前阀VB604。调节LIC1072的阀开度至50%左右。打开水相液位控制器后阀VB603。

(9)打开PIC1071前阀VB600。调节控制器开度至50%左右。

(10)打开压力控制器后阀VB601。手动调节压力控制器PIC1071至稳定状态,投自动。手动调节油相液位控制器LIC1073至稳定状态,投自动。手动调节水相液位控制器LIC1072至稳定状态,投自动。

二、正常运行工况操作参数

(1)系统压力：1 500 kPa；

(2)油室液位：50%；

(3)水室液位：50%；

(4)进料流量：244.25 t/h；

(5)油相出口流量：137.40 t/h。

三、正常停车操作步骤

1.停止进料

(1)检查各出口阀和安全阀是否处于正常状态。

(2)关闭原油进口阀 VB593。

(3)关闭化学药剂进口阀 VG599。

2.排空油室

(1)将控制器 LIC1073 投手动。调整控制器 LIC1073 的阀门开度为 100%。

(2)当油室液位指示为 0 时,关闭 VB610。将控制器 LIC1073 的 OP 值设定为 0。

(3)关闭阀门 VB609。关闭 VL530。

3.停离心泵

(1)关闭 101A 泵出口阀 VB612。停止离心泵 101A。

(2)当油室液位指示为 0 时,关闭 VB610。将控制器 LIC1073 的 OP 值设定为 0。

(3)关闭阀门 VB609。关闭 VL530。

4.排空水室

(1)将控制器 1072 投手动。设定 LIC1072 的 OP 值为 100。

(2)打开控制器 LIC1072 的旁路阀 VL529,设定 OP 值为 100。

(3)当水室液位为 0 时,关闭控制器 LIC1072 后阀 VB603。设定 LIC1072 的 OP 值为 0。

(4)关闭控制器前阀 VB604。关闭旁路阀 VL529。

5.空滞留区

(1)打开排污阀 VB605,VB606,VB607。

(2)滞留区放空时,关闭 VB605,VB606,VB607。

6.分离器泄压

(1)将控制器 PIC1071 设定为手动。设定 PIC1071 的 OP 值为 100。

(2)打开旁路阀 VL528 和弹簧泄压阀 BDV1071。

(3)打开排气阀 VL527,当压力为 1 385 kPa 时,关闭控制器后阀 VB601。设定 PIC1071 的 OP 值为 0。

(4)关闭控制器前阀 VB600。

(5)关闭旁路阀 VL528。

(6)关闭 BDV1071。

(7)关闭 VL527。

7.停车检查

检查各阀门是否处于关闭状态。

四、特定事故

1.事故名:卧式分离器压力报警

(1)现象:中控声光报警 PAH 1072/PAHH 1071/PAL 1073/PALL 1074。

(2)原因:PIC 1071 设定值不正确。

(3)处理方法:检查 PIC 1071 的设定值是否正确。检查压力控制器和控制阀工作是否正常。检查流程原油管路的出口阀是否关闭。检查报警系统是否失灵。

2.事故名:卧式分离器水相液位报警

(1)现象:中控声光报警 LAH 1076/LAHH 1075/LAL 1077/LALL 1078。

(2)原因:LIC 1072 不正确,水出口排放阀 VL529 开启。

(3)处理方法:检查 LIC 1072 控制器的设定值是否正确。检查液位控制器和控制阀工作是否正常。检查水出口排放阀是否处于正常状态。检查容器或排液管线是否渗漏。

3.事故名:原油外输泵故障

(1)现象:中控声光报警 LAH 1072/LAHH 1071/LAL 1073/LALL 1074。

(2)原因:LIC 1073 不正确,原油外输泵工作不正常。

(3)处理方法:检查 LIC 1073 控制器的设定值是否正确,检查液位控制器和控制阀工作是否正常;检查原油排放阀是否处于正确位置,检查容器或排液管线是否渗漏;检查原油外输泵是否正常。

五、联锁处理

为保证 DCS 能在异常情况下控制设备和装置不发生危险,必要时控制装置需要能自动切换到备用电源和备用设备或装置中去。调节装置要有联锁,以防止误操作和自动调节装置的误通、误断。要评价紧急事故开关设置情况。

在保证正常生产的基础上,加入安全智能联锁系统。当调节装置、设备状态、控制参数出现异常时,DCS 集散控制系统能自动作出相关反应,以防生产事故的发生。所有联锁状况均在设备状态界面查看和解除。具体处理方案如下。

1.进料联锁

当罐体压力 PI 1071 大于 1 800 kPa,或油室液位高于 1 300 mm,或水室液位高于 1 260 mm 时,DCS 系统将出现高高报,同时启动进料联锁。系统自动关闭进料阀 VB592,VG599。

联锁解除方案:压力超高时,开启安全泄压阀和排气阀,压力降低到 1 510 kPa 时,在设备状态界面解除联锁,打开原油进料阀和药剂进料阀。液位超高时,先降低液位,再解除联锁,开启进料,调节各控制参数至正常值。

2.压力低低报联锁

正常生产情况下,当罐体压力 PI 1071 小于 1 200 kPa 时,DCS 系统将出现低低报,同时启动压力低低报联锁。系统自动关闭各气体出口阀。

联锁解除方案:关闭各气体出口阀,加大进料。当 PIC 1071 指示值大于 1 450 kPa 时,在设备状态界面解除联锁,开启 PIC 1071 的控制阀,调节各控制参数至正常值。

3.油相液位低低报

正常生产情况下,当油相液位低于 300 mm 时,DCS 控制系统将出现低低报,同时启动油相液位低低报联锁。系统自动关闭油相出口阀。

联锁解除方案:检查液位控制阀旁路阀是否关闭,加大进料。当液位上升至 50％时,在设备状态界面解除联锁,开启油相出口。调节各控制参数至正常值。

4.水室液位低低报

正常生产情况下,当水相液位低于 300 mm 时,DCS 控制系统将出现低低报,同时启动水相液位低低报联锁。系统自动关闭水相出口阀。

联锁解除方案:检查液位控制阀旁路阀是否关闭,加大进料。当液位上升至 50％时,在设备状态界面解除联锁,开启水相出口。调节各控制参数至正常值。

六、思考题

1.如何理解油水分离的基本原理?

2.卧式三相分离器的基本结构有哪些,其分离原理是什么?

3.卧式三相分离器的适用条件有哪些?

4.卧式三相分离器启动的步骤有哪些?

5.卧式三相分离器正常停车步骤有哪些?

项目二　三相分离器 V－2140 单元仿真操作

任务一　卧式三相分离器 V－2140 操作概述

一、实训目的

实训选择带有堰板结构的卧式三相分离器,如图 1－2 所示。堰板左侧上层为油,下层为水,当油表面超过堰板时,溢过堰板而进入右侧油室。油位达到一定高度经液位控制由油室放油。左侧油水界面也经液位控制由底层放水。

图 1－3 是卧式三相分离器油斗及可调堰板结构示意图。这种形式容器的油水界面位置取决于油斗和可调堰板的相对位置。油水界面高度可由两种液体的比重及液位差算出。使用这种结构的明显优点是对每种分隔开的液体液位控制是通过测感其气液界面来实现的,用间隔结构使油室和水室分开。但由于设置了油斗及可调堰板又增加了分离器的造价。

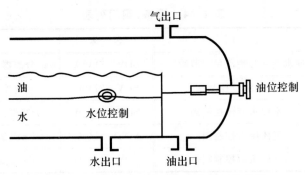

图 1-2　卧式三相分离器的固定堰板结构图

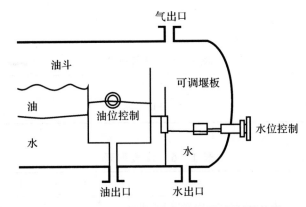

图 1-3　卧式三相分离器油斗及可调堰板结构图

二、实训原理

原油加热到一定温度后进入三相分离器进行分离,闪蒸汽送往火炬系统,分离出的水送往生产水处理系统。分离器内装有填料能降低由于震动等运动对分离器的影响并有助于分离器内的油气水分离。分离器内还装有喷射除砂装置,水由生产水处理系统供给。分离器的上游需安装破乳剂等化学药剂注入点。三相分离器 V-2140 工艺流程图如图 1-4 所示,设备阀门列表见 1-4。

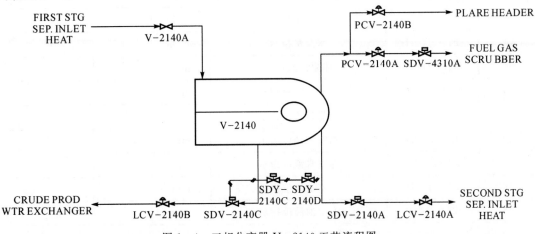

图 1-4　三相分离器 V-2140 工艺流程图

表1-4 设备、阀门列表

名　称	说　明	名　称	说　明
V-2140A	油水气混合物流量调节阀	SDV-2140A	分离器出口管道水关断阀
LCV-2140A	左室油液位控制阀	SDV-2140C	分离器出口管道油关断阀
LCV-2140B	右室油水液位控制阀	SDV-4310A	分离器出口管道气体关断阀
PCV-2140A	气体压力控制阀	SDY-2140C	ESD(满足某条件后关闭)
PCV-2140B	气体压力控制阀	SDY-2140D	PCS(满足某条件后关闭)

三、实训器材

实训器材见表1-5～表1-7。

表1-5 设备列表

序　号	设备号	名　称	说　明
1	V-2140	卧式三相分离器	用于分离油气水混合物

表1-6 仪表列表

序　号	仪表号	说　明	单　位	量　程	报警上下限
1	FOAM	进料物流中泡沫含量指示	%	0～100	
2	EML	进料物流中乳化物含量指示	%	0～100	
3	OIL	进料物流中油含量指示	%	0～100	
4	SAND	进料物流中砂含量指示	%	0～100	
5	WTR	进料物流中水含量指示	%	0～100	
6	FI-2140A	气体流量指示	mmscf/d		
7	FI-2140B	进料物流流量指示	mmscf/d		
8	FI-2140C	油流量指示	m^3/hr		
9	FI-2140H	水流量指示	m^3/hr		
10	FQI-2140A	气体累计流量指示	mmscf		
11	FQI-2140C	油累计流量指示	m^3		
12	FQI-2140H	水累计流量指示	m^3		
13	LI-2140D	右室油液位指示	mm		
14	LI-2140E	左室水液位指示	mm		
15	LI-2140H	右室油液位指示	mm		
16	LI-2140J	右室油液位指示	mm		

续表

序 号	仪表号	说 明	单 位	量 程	报警上下限
17	LIC-2140A	左室油液位指示控制	mm	0～4 000	3 100～3 400
18	LIC-2140B	左室水液位指示控制	mm	0～4 000	2 200～2 550
19	LIC-2140C	右室油液位指示控制	mm	0～4 000	1 500～3 400
20	PI-2140B	分离器压力指示	kPa	0～800	300～700
21	PIC-2140A	分离器压力指示控制	kPa	0～800	350～450
22	PIC-2140B	分离器压力指示控制	kPa	0～800	350～450

表 1-7 阀列表

序 号	仪表号	说 明	单 位	量 程
1	V-2140A	油水气混合物流量调节阀	%	0～100
2	LCV-2140A	左室油液位控制阀	%	0～100
3	LCV-2140B	左室水液位控制阀	%	0～100
4	PCV-2140A	气体压力控制阀	%	0～100
5	PCV-2140B	气体压力控制阀	%	0～100
6	SDV-2140A	分离器出口管道水关断阀		
7	SDV-2140C	分离器出口管道油关断阀		
8	SDV-4310A	分离器出口管道气体关断阀		
9	SDY-2140C	ESD		
10	SDY-2140D	LIC-2140B低低报警时关闭气源,SDV-2140C关断(PCS)		

任务二 卧式三相分离器 V-2140 实训操作

·冷态开车操作步骤

(1)确认所有非关断阀处于关闭状态。在启动之前,旁通关断信号以保证所有关断阀在初始时打开。

(2)打开进料阀 V-2140A,开度为 80%,开始进料。

(3)打开水出口阀 LCV-2140B,开度为 80%,调节左室水液位为 2 350 mm,左室油液位为 3 250 mm,水流向生产水处理系统。当左室液位稳定时,将 LIC-2140B 投自动,设置值为 2 350 mm。

(4)打开油出口阀 LCV-2140B,开度为 75%,调节右室油液位为 2 450 mm,油流向下一个流程。当右室油液位稳定时,将 LIC-2140C 投自动,设置值为 2 350 mm。

(5)调节气体出口阀 PCV-2140B 至压力稳定在 400 kPa,如果调节 PCV-2140B 不能满足条件,调节 PCV-2140A。当压力稳定时将 PCV-2140A 和 PCV-2140B 投自动,设置值为 400 kPa。

(6)当流程稳定后,取消旁通关断信号。

(7)操作要点:

1)打开 V-2140A,开度为 80%。

2)打开 LCV-2140B,开度为 80%。当 LIC-2140B 指示值接近 2 350 mm 时,将 LIC-2140B 投自动,设置值为 2 350 mm。

3)打开 LCV-2140A,开度为 75%。

4)当 LIC-2140C 指示值接近 2 450 mm 时,将 LIC-2140C 投自动,设置值为 2 450 mm。

5)调节 PCV-2140B,使 PI-2140B 指示值稳定在 400 kPa。如果调节 PCV-2140B 不能满足条件,调节 PCV-2140A。

6)当压力稳定时将 PCV-2140A 和 PCV-2140B 投自动,设置值为 400 kPa。

二、正常运行工况操作参数:

(1)系统压力:400 kPa;

(2)左室水液位:2 350 mm;

(3)左室油液位:3 250 mm;

(4)右室油液位:2 450 mm;

(5)进料流量:927.41 m³/h;

(6)油出口流量:198.72 m³/h;

(7)水出口流量:694.59 m³/h;

(8)气体出口流量:4 mmscf/d。

三、思考题

1.简述卧式三项分离器的结构与工作原理。

2.卧式三项分离器的故障类型有哪些?如何进行处理?

3.卧式三项分离器启动流程有哪些?

4.卧式三项分离器停运流程如何?

情境二　原油处理操作实训

知识目标:掌握原油加热及两相分离的基本原理;

掌握电脱水器的工作原理;

掌握箱式加热炉的工作原理;

熟悉原油加热及两相分离工艺流程;

熟悉电脱水器工艺流程;

熟悉箱式加热炉工艺流程;

掌握原油加热的操作;

掌握电脱水器的操作;

掌握油水分离的操作。

能力目标:能够正确进行原油处理工作;

能够对原油处理中的常见问题进行处理。

素质目标:具有从事原油处理工作的职业素质。

项目三　原油加热及两相分离仿真操作

任务一　原油加热及两相分离操作概述

一、实训目的

由于原油黏度与温度有关,随着温度在一定范围内变化,原油的黏度会增大。由于原油的上述性质,为了满足原油各方面处理工艺的实施,有必要对原油进行加热。特别是油气水混合物在进行脱气的过程中,只有温度达到一定程度,才能满足脱气的要求,因此要进行该实训项目。

二、实训原理

三相分离器分出的原油(含水小于 30%),温度约为 50℃,经原油加热器(H-1201)用热介质油加热至 65℃ 左右,与破乳剂经混相器(M-1202)混合均匀后进入两相分离器(V-1202)再次进行气液分离,分离的气态轻烃进入稳定气压缩机二级入口,液相则进入电脱水器继续分离原油中的水。

三、实训设备

1.主要设备

H-1201:原油加热器;M-1202:混相器;V-1202:两相分离器。

2.阀门

阀门见表 2-1。

表 2 - 1　阀门列表

设备号	名　称	设备号	名　称
V1	闸阀	V14	闸阀
V2	闸阀	V15	闸阀
V3	球阀	V16	球阀
V4	球阀	V17	球阀
V5	闸阀	V18	闸阀
V6	球阀	V19	球阀
V7	闸阀	V20	球阀
V8	闸阀	V21	球阀
V9	球阀	V22	球阀
V10	闸阀	V23	闸阀
V11	闸阀	TV1249	控制阀
V12	闸阀	PV1252	控制阀
V13	闸阀	LV1256	控制阀
SDV1257	电磁阀	BDV1290	电磁阀

3. 仪表

(1) 一般仪表。

TI1245:原油出原油加热器 H - 1201 温度显示。

TI1246:热介质油进原油加热器 H - 1201 温度显示。

TI1247:热介质油出原油加热器 H - 1201 温度显示。

TI1248:原油进原油加热器 H - 1201 温度显示。

TE1249:原油出原油加热器 H - 1201 温度变送器。

PI1269:热介质油进原油加热器 H - 1201 压力显示。

PI1219:热介质油出原油加热器 H - 1201 压力显示。

PI1250:原油出原油加热器 H - 1201 压力显示。

PI1251:两相分离器 V - 1202 压力显示。

PY1252:两相分离器 V - 1202 压力变送器。

LI1253:两相分离器 V - 1202 液位显示。

LT1256:两相分离器 V - 1202 液位变送器。

(2) 紧急关断。

PSHH1240:两相分离器 V - 1202 压力超高高限,系统自动关闭 TIC1249 停止加热油循环,关闭原油进料阀 V5。

LSHH1254:两相分离器 V - 1202 液位超高高限,系统自动关闭 TIC1249 停止加热油循环,关闭原油进料阀 V5。

LSLL1255：两相分离器 V-1202 液位超低低限，系统自动关闭 TIC1249 停止加热油循环，关闭原油进料阀 V5。

四、思考题

1. 原油的黏度和温度有何关系？

2. 三相分离器种类有哪些？工作过程有哪些优、缺点？

3. 描述一下原油加热及两相分离器操作的流程。

任务二 原油加热及两相分离单元实训操作

一、冷态开车

(1) 检查各设备安全附件是否正确投用。

(2) 打开各调节阀前后截止阀。

(3) 贯通原油流程并缓慢投料升温。

1) 原油加热器（H-1201）。

注意观察原油进出加热器的温度和两相分离器压力，如果原油温度较低且两相分离器压力增长缓慢，可手动打开 TV-1249，调节热介质油的循环量，注意调节动作宜缓，以免两相分离器超压。

启动化学药剂泵，以最大量注入。

2) 两相分离器。

手动调节 LV-1256，观察两相分离器的液位变化情况，在液位升至正常值后，将手动调节改为自动调节。

手动调节 PV-1252，待两相分离器的压力稳定并达到设定值后，将手动调节改为自动调节。

(4) 调整至正常并将紧急关断投用。

二、正常工况

工况处于正常状态，可对工艺按要求进行调整。

三、液位调节阀阻塞

液位调节阀阻塞，流通能力下降，打开液位调节阀旁路，现场手动将液位调整至正常。

四、液位调节阀卡死

液位调节阀卡死，调节阀无法关闭，关闭调节阀前后截止阀，打开液位调节阀旁路，现场手动将液位调整至正常。

五、换热器结垢

换热器结垢后影响换热效果，可以打开温度调节阀组旁路，增加换热器热介质油循环量，将原油出换热器温度调整至正常。

六、正常停车

正常停车程序：现场手动关闭原油加热器热介质油进口阀及出口调节阀组前后截止阀，依次按原油流程手动关闭现场阀 V5，V8，V9，V10，控制好压力大于 600 kPa 以上，待两相分离器液位下降到 800 mm（视需要而定）后，关闭两相分离器液位调节阀组前后截止阀，然后将两相分离器压力调整至 300 kPa 以下后,关闭压力调节阀组前后截止阀,系统自然降温。

七、联锁停车处理

首先检查联锁停车的原因,本项目培训的是 V-1202 液位低联锁停车,其引起的原因是由于液位调节阀旁路未关闭。

处理方法:关闭 V-1202 液位调节阀 LIC1256 旁通阀,由 DCS 关闭液位联锁,逐渐打开原油进口阀,同时逐渐打开 TIC1249 对原油加热升温,最终将原油进口阀开到 80% 以上,将两相分离器进口原油温度控制在 65℃ 左右自调,待工况稳定后将液位联锁投用。

八、思考题

1. 简述原油加热及两相分离器操作冷态开车的操作步骤。

2. 简述原油加热及两相分离器操作正常停车的操作步骤。

项目四　电脱水器仿真操作

任务一　电脱水器操作概述

一、实训目的

电脱水器是一个直径 ϕ3 000 mm,长 12 800 mm 的卧式容器,采用直流静电脱水,设计能力单台 76 m³/h,来自两相分离器出口原油进入电脱水器内,流经油水界面以下的布油管汇,由布油管汇流出的含水原油经过水层时经水洗除去游离水后,自下而上沿水平截面均匀地经过电场空间,在高压电场下(28 800 V)直流电作用下,乳化水滴产生偶极聚结和振荡聚结,使小水滴聚结成大水滴,沉降到脱水器底部,经出水口排出至污水除油罐,净化的原油经电脱水器顶部的原油管汇由出油口排出至原油稳定区,电脱水器的放空管线与坏油罐相连,还设有清扫时蒸汽管线和开放排放管线。

二、实训原理

本工艺为单独培训电脱水器操作而设计,其工艺流程(参考流程仿真界面)如图 2-1 所示。

说明:来自两相分离器分离出的原油进入电脱水器(V-1203A/B)脱水后(含水小于0.5%),分离出原油和生产水两部分,原油经计量后去原油稳定装置罐;生产水直接去污水槽。

三、电脱水器流程主要设备和控制

1. 主要设备

(1)设备列表(见表 2-2)。

表 2-2　设备列表

序　号	位　号	名　称	说　明
1	V-1203A	电脱水器	用于原油脱水分离
2	V-1203B	电脱水器	用于原油脱水分离
3	UA1290A	电脱水器变压器	用于电脱水器工作通电和断电
4	UA1290B	电脱水器变压器	用于电脱水器工作通电和断电

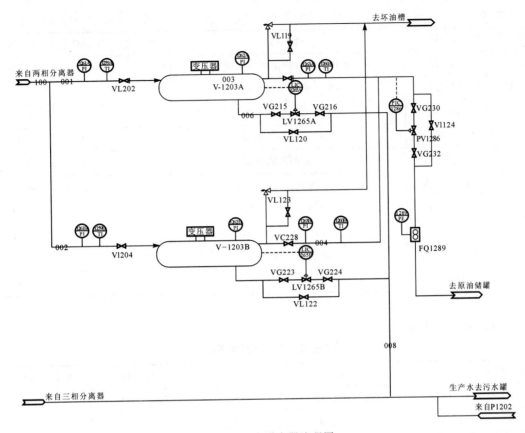

图 2-1　电脱水器流程图

（2）阀门列表（见表 2-3）。

表 2-3　阀门列表

序　号	位　号	说　　　明	单　位	正常状态	量　程
1	VL119	脱水器 A 排气阀	%	0	0～100
2	VL123	脱水器 B 排气阀	%	0	0～100
3	VL214	原油出口开关阀	%	1	0,1
4	VL238	原油出口开关阀	%	1	0,1
5	VL202	脱水器 A 进料调节阀	%	50	0～100
6	VL204	脱水器 B 进料调节阀	%	50	0～100
7	VG230	脱水器压力控制阀前阀		1	0,1
8	VG232	脱水器压力控制阀后阀		1	0,1
9	VL124	脱水器压力控制阀旁通阀	%	50	0～100
10	VL120	生产水液位控制阀旁通阀	%	50	0～100

续 表

序　号	位　号	说　明	单　位	正常状态	量　程
11	VL122	生产水液位控制阀旁通阀	%	50	0～100
12	VG215	生产水调节阀前阀		1	0,1
13	VG216	生产水调节阀后阀		1	0,1
14	VG223	生产水调节阀前阀		1	0,1
15	VG224	生产水调节阀后阀		1	0,1
16	LV1265A	脱水器 A 液位控制阀	%	50	0～100
17	LV1265B	脱水器 B 液位控制阀	%	50	0～100
18	PV1286	脱水器压力控制阀	%	50	0～100
19	VALVE - A	脱水器 A 安全阀		0	0,1
20	VALVE - B	脱水器 B 安全阀		0	0,1

(3)仪表列表(见表 2-4)。

表 2-4　仪表列表

序　号	位　号	名　称	正常值	量　程	报警上下限
1	TI1259A	温度显示仪表	65℃	0～100℃	
2	TI1259B	温度显示仪表	65℃	0～100℃	
3	TI1260A	温度显示仪表	65℃	0～100℃	
4	TI1260B	温度显示仪表	65℃	0～100℃	
5	PI1261A	压力显示仪表	0.58 MPa	0～0.73 MPa	
6	PI1261B	压力显示仪表	0.58 MPa	0～0.73 MPa	
7	PI1262A	压力显示仪表	0.55 MPa	0～0.73 MPa	0.5～0.6 MPa
8	PI1262B	压力显示仪表	0.55 MPa	0～0.73 MPa	0.5～0.6 MPa
9	PI1263A	压力显示仪表	0.55 MPa	0～0.73 MPa	
10	PI1263B	压力显示仪表	0.55 MPa	0～0.73 MPa	
11	PIC1203	压力显示控制仪表	0.53 MPa	0～0.73 MPa	
12	LI1265A	液位显示控制仪表	800 mm	0～1 100 mm	650～950 mm
13	LI1265B	液位显示控制仪表	800 mm	0～1 100 mm	650～950 mm
14	FQ1289	流量计			

2.主要控制

(1)压力控制。

PV-1286 控制电脱水器的操作压力,PIC-1286 检测容器内压力变化,并将信号传至

PV-1286 控制阀开度,使电脱水器工作压力维持在设定点。压力设置点为 0.58 MPa。

(2)液位控制。

LV-1265A/B 控制电脱水器油水界面高度。LIC-1265A/B 检测容器内油水界面变化,并将信号传至 LV-1265A/B 控制阀的开度,维持正常液位。LIC-1265 可在中控室产生高低液位报警,设置点分别为 950 mm 和 650 mm。

(3)就地仪表设置点和操作点(见表 2-5)。

表 2-5　就地仪表设置点和操作点

就地仪表	设定点	操作点
LSLL-1270A/B	2 450 mm	
PAH-1262A/B	0.6 MPa	
PAL-1262A/B	0.5 MPa	
LSHH-1264A/B	1 100 mm	
PI-1261A/B		0.57 MPa
TI-1259A/B		65℃
PI-1266A/B		0.57 MPa
PI-1263A/B		0.57 MPa
TI-1260A/B		65℃
PI-1286		0.55 MPa
FE-1289		计量脱水原油

(4)关断控制。

1)电脱水器油液面低低液位由 LSLL-1270A/B 检测并激励中控室声光报警 LALL-1270A/B,关闭电脱水器变压器控制盘。

2)电脱水器油水界面高高液位由 LSHH-1264A/B 检测并激励中控室声光报警 LAHH-1264A,关闭电脱水器变压器控制盘。

3)原油脱水控制器设有自我保护装置,当脱水电流大到一定数量(80~100 A)时,控制板自动保护断电,灯亮。

四、思考题

1.简述电脱水器工作原理。

2.电脱水器内部极板的个数是怎么分配的?

3.简述电脱水器脱水流程。

任务二　电脱水器单元实训操作

一、冷态开车操作规程

(1)盘车,查看各设备和阀门状态,脱水器中液位为 0,阀门在关闭状态。

(2)打开脱水器上的排气阀门 VL119,VL123,准备进原油。

(3)打开进油阀 VG202,至脱水器 V-1203A 满液位后,关闭排气阀门 VL119。

(4)手动调节 LV-1265A 的旁通阀,通过放水看窗及 LIC-1203A 控制油水界面的高度(VL120)。

(5)手动调节 PV-1286 的旁通阀控制电脱水的操作压力(VL124),当电脱水器内油水界面稳定并达到设定值后,将手动改为自动,启动 PV-1286,LV-1265A,关闭其旁通阀 VL120,VL124。

(6)把关断信号 LSLL1270A 转入正常,关断信号 LSLL1270B 转入正常。电脱水器通电,给变压器通电,进行电化学脱水(UA1290A)。

(7)脱水器 V-1203B 操作同上。

二、正常操作规程

1.正常工况操作参数:

(1)油液低低界面(LSLL-1270A/B):2 450 mm。

(2)油水低界面(LIC1203):650 mm。

(3)油水正常界面(LI1203):800 mm。

(4)油水高界面(LIC1203):950 mm。

(5)油水高高界面(LSHH-1203A/B):1 100 mm。

(6)原油脱水器内低压值:0.5 MPa。

(7)原油脱水器内正常压力值:0.55 MPa。

(8)原油脱水器内高压值:0.6 MPa。

(9)压力控制阀前压力(PI1203):0.53 Pa。

(10)原油脱水器安全阀设定值:0.73 MPa。

2.负荷调整

可任意改变手操阀的开度及液位调节阀、流量调节阀,观察其现象。

三、检修停车操作规程

(1)设置 V-1203A,V-1203B 联锁摘除。关闭脱水器 A,B 进料阀。

(2)关闭控制盘开关,脱水器断电。设置水出口自动阀为手动,输入 OP 值为 0。将自动阀 PIC1203 设为手动,输入 OP 值 100。

(3)打开旁通阀 VL124,开度 100。

(4)打开高压氮气阀门 VGZ01,VGZ02,加压排液。

(5)脱水器 A,B 中油液位低于 2 450 mm 时,输入 LIC1203A,LIC1203B 的 OP 值 100。

(6)打开旁通阀 VL120,VL123,开度 100。

(7)当脱水器排净后,关闭加压阀 VGZ01,VGZ02。当脱水器内温度等于 25℃时,打开排气阀 VL119,VL123,开度 100。

四、计划停车操作规程

(1)设置 V-1203A,V-1203B 联锁摘除。

(2)关闭脱水器 A,B 进料阀 VL202,VL204 置开度为 0。

(3)关闭脱水器 A,B 的油出口阀 VG214,VG238。

(4)关闭脱水器 A,B 的水出口阀 VG215,G224。

(5)关闭脱水器 1203A,1203B 的电源控制开关。

五、油出口含水高

(1)提高工作电压至最大值 400 V。

(2)置脱水器 1203A,1203B 进料阀门 VL202,VL204 开度 40,降低脱水器的进料量。

六、油液位过低引发关断

(1)摘除 1203A,1203B 联锁设置。

(2)打开关断阀 VGA1203A,VGA1203B,给脱水器进料。

(3)按下脱水器 1203A,1203B 控制柜上的复位键,电压复位。

(4)当脱水器 1203A,1203B 中液位充满时,联锁投用。

七、油水界面过高引发关断

(1)摘除 1203A,1203B 联锁设置。

(2)打开关断阀 VGA1203A,VGA1203B,给脱水器进料。

(3)按下脱水器 1203A,1203B 控制柜上的复位键,电压复位。

(4)当脱水器 1203A,1203B 中液位充满时,联锁投用。

八、压力过高引发关断

(1)设置 1203A,1203B 联锁摘除。

(2)修复 1203A,1203B 上的安全阀。

(3)置脱水器 1203A,1203B 的电压值为 0,关闭控制开关。

(4)按检修停车工序执行,停车清空脱水器内物料。

九、思考题

1.直流、交流、复合电脱水器的特点有哪些?

2.简述电脱水器常见故障原因及处理方法。

3.电脱水器停运流程如何?

4.电脱水器启动流程如何?

项目五　箱式加热炉仿真操作

任务一　箱式加热炉工艺介绍

一、实训原理

箱式加热炉(见图 2-2)为长方体结构,分为辐射室与对流室两部分,中间用火墙隔开。辐射室与对流室中均有蛇形炉管,分别用于加热蒸汽与原油。加热炉燃料采用减压渣油,利用雾化剂(水蒸气)将燃料油打成小雾滴状,由燃烧器喷入加热炉内明火燃烧。加热炉点火时,先由燃料气点燃引火火焰,然后混合了雾化剂的燃料油以雾滴状喷入炉膛,引火火焰将燃料油点燃后会自动熄灭。燃烧产生的热烟气流经辐射段与对流段,炉管内的流体被热烟气加热。最后烟气由引风机抽出,进入换热器并预热进入加热炉的空气,向加热炉中加入空气是为了提供燃烧所需的氧气。

箱式加热炉工艺流程原理如图 2-2 所示。

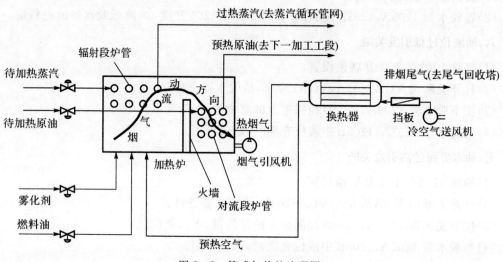

图 2-2　箱式加热炉流程图

二、实训设备

1. 主要设备(见表 2-6)

表 2-6　设备列表

序　号	名　称	说　明
1	箱式加热炉	用于加热原油和蒸汽
2	换热器	把出炉烟气的热量传给入炉空气
3	空气引风机	往炉中送入空气
4	烟气送风机	把炉中燃烧产生的烟气排出

2. 阀门列表(见表 2-7)

表 2-7　阀门列表

序　号	位　号	说　明	单　位	正常状态	量　程
1	VX101	蒸汽流量控制阀	%	80	0~100
2	VX102	原油流量控制阀	%	50	0~100
3	VX103	燃料油流量控制阀	%	50	0~100
4	VX104	雾化剂流量控制阀	%	25	0~100
5	VX106	空气挡板开度	%	65	0~100

3. 仪表列表

(1)一般仪表(见表 2-8)。

表 2-8 一般仪表列表

序 号	位 号	名 称	正常值/℃	量程/℃
1	TI101	蒸汽进炉温度显示仪表	142	0~600
2	TI102	原油进炉温度显示仪表	25	0~600
3	TI103	蒸汽出炉温度显示仪表	350~400	0~600
4	TI104	原油出炉温度显示仪表	370	0~600
5	TI105	空气入炉温度显示仪表	70~150	0~600
6	TI106	辐射管温度显示仪表	280~350	0~600
7	TI107	对流管温度显示仪表	300~350	0~600
8	TI108	烟气出炉温度显示仪表	200~300	0~2 000
9	TI109	加热炉火焰温度显示仪表	1 600~1 800	0~4 000
10	TI110	炉膛温度显示仪表	500~800	0~3 000
11	TI111	烟气出换热器温度显示仪表	200~300	0~600
12	TI112	冷空气温度显示仪表	25	0~600
13	TI113	预热空气温度显示仪表	70~150	0~600

(2)紧急关断(见表 2-9)。

表 2-9 紧急关断仪表列表

序 号	位 号	说 明
1	TI106	若辐射管温度超过 400℃,则阀 XV102 被自动关闭,系统紧急关断燃料油流量,以防炉管被烧坏
2	TI107	若对流管温度超过 400℃,则阀 XV102 被自动关闭,系统紧急关断燃料油流量,以防炉管被烧坏
3	V114	若加热炉燃烧时烟气引风机被关闭,则阀 XV102 被自动关闭,系统紧急关断燃料油流量,使加热炉熄火,以防炉内压力异常

4. 主要工艺指标(见表 2-10)

表 2-10 主要工艺指标列表

序 号	位 号	说 明	单 位	设计值
1	TIC101	蒸汽出炉温度	℃	370
2	TIC102	原油出炉温度	℃	360
3	FI113	原油出炉流量	kg/h	23 200

5.温度控制(见表 2-11)

表 2-11　温控设备列表

序　　号	位　　号	说　　明	单　　位	设计值
1	TIC101	蒸汽出炉温度控制	℃	370
2	TIC102	原油出炉温度控制	℃	360

6.流量控制(见表 2-12)

表 2-12　流量控制设备列表

序　　号	位　　号	说　　明	单　　位	设计值
1	FIC101	待加热蒸汽入炉流量控制	kg/h	68 000
2	FIC102	待加热原油入炉流量控制	kg/h	23 200
3	FIC103	燃料油流量控制	kg/h	1 050
4	FIC104	雾化剂与燃料油比例控制	kg/kg	0.5
5	FIC105	空气过剩系数控制		1.35

三、思考题

1.简述箱式加热炉的结构与工作原理。

2.简述箱式加热炉的操作流程。

3.常用的温度控制仪表有哪些?

任务二　箱式加热炉实训操作

一、冷态开车

(1)打开空气送风机的开关和其手阀(V112),向加热炉内通入少量空气,空气挡板开度为 10%即可。注:若空气过剩系数小于 0.2 或大于 1.8,会导致点火失败。

(2)打开烟气引风机。注:烟气引风机关闭时,无法打开燃料气引火装置。

(3)打开过热蒸汽的前阀(V101)和后阀(V102),向对流管中通入适量待加热蒸汽(建议阀门开度 30%),控制方式为手动(MAN)。

(4)打开冷原油的前阀(V104)和后阀(V105),向辐射管中通入适量待加热原油(建议阀门开度 30%),控制方式为手动(MAN)。注:点火前,炉管中应保持合适的流量,若流量过小,炉管很容易被烧坏;若流量过大,会有较大的浪费。

(5)打开雾化剂的前阀(V107)和后阀(V108),向加热炉内通入少量雾化蒸汽,阀门开度 10%,控制方式为手动(MAN)。注:雾化剂与燃料油的比例应在 0.5 左右,过多或过少的雾化剂均会导致点火失败。

(6)打开燃料油前阀(V110)。

(7)打开燃料油流量控制阀门(建议阀门开度 20%)。注:若初始燃料油用量过大,点火时炉管有可能被烧坏。

(8)打开燃料气后阀(V111)。

(9)点燃引火燃料气,引火火焰点燃后,燃料油自动控制阀 XV102 会自动打开,引火火焰将在 30 s 内点燃燃料油。

注:30 s 后燃料气自动控制阀 XV101 会自动关闭,若燃料油仍未被点燃,则点火失败,应检查空气、雾化剂和燃料油流量是否正常。

(10)自动控制过剩空气系数在 1.2～1.4 之间,自动控制雾化剂与燃料油的比例在 0.5 左右,使加热炉火焰温度升至 1 500℃以上。注:若空气与雾化剂流量不设置为自动控制,改变燃料油用量将很容易导致加热炉熄火。

(11)逐步加大燃料油用量与被加热原油和蒸汽流量,燃料油达到 600 kg/h 后,将被加热原油出炉温度自动控制仪表 TIC102 切换为自动(AUTO),设定温度指标为 370℃,将原油进炉流量自动控制仪表 FIC102 切换为串级(CAS)。

(12)将被加热蒸汽出炉温度自动控制仪表 TIC101 切换为自动(AUTO),设定温度指标为 350～370℃,将蒸汽进炉流量自动控制仪表 FIC101 切换为串级(CAS)。

(13)出炉温度达到要求后,逐步加大燃料油用量,直到被加热原油出炉流量达到工艺要求(23 200 kg/h)。注:燃料油用量应逐步加大,否则出炉温度将有较大波动。

(14)确认各项显示数据在正常值附近,确认出炉温度与流量达到工艺要求,注意监控,保持系统稳定。

二、正常工况

确认出炉温度与流量达到工艺要求(被加热原油出炉温度为 370℃,被加热原油出炉流量为 23 200 kg/h,被加热蒸汽出炉温度为 350～370℃),注意监控,保持系统稳定。

三、雾化剂过多

(1)现象:原油出炉流量不足;烟气出炉温度偏高;若雾化剂与燃料油的比例大于 0.8,加热炉会熄火。

(2)原因:雾化剂的成分是水蒸气,它的作用是把燃料油打成小液滴状,有利于燃烧。雾化剂比例过大会过多地吸收燃烧产生的热量,从而导致加热炉供热效率差、处理量下降。由于吸收了大量热量的雾化剂是烟气的一部分,故而热量夹带造成烟气出炉温度偏高。另外,水蒸气是不可燃成分,若燃料中水蒸气的含量过高,则无法燃烧,因此雾化剂比例大于 0.8 时会导致加热炉熄火。

(3)处理方法:逐步降低雾化剂比例到 0.5 左右,并适当调节燃料油用量,确保原油出炉流量达到工艺要求。

注:雾化剂比例应逐步降低(建议每次降低 0.05),否则出炉温度会有较大波动。

四、雾化剂过少

现象:原油出炉流量不足;火焰温度偏低;若雾化剂与燃料油的比例小于 0.2,加热炉会熄火。

原因:雾化剂过少,燃料油不能被完全打散成小液滴状,不利于燃烧,产生的热量下降,从而导致加热炉供热效率差、处理量下降。同时,燃料油燃烧不完全也造成火焰温度偏低。若雾化剂与燃料油的比例小于 0.2,燃料油将主要为黏稠的液态流体,不易燃烧,故会导致加热炉熄火。

处理方法：逐步提高雾化剂比例到 0.5 左右，并适当调节燃料油用量，确保原油出炉流量达到工艺要求。

注：雾化剂比例应逐步提高（建议每次降低 0.05），否则出炉温度会有较大波动。

五、空气过多

现象：原油出炉流量不足；火焰温度较低。

原因：空气为不可燃物质，且进入加热炉的空气温度较低，过量的空气不利于燃烧，并且吸收热量，从而导致火焰温度较低、加热炉供热效率差、处理量下降。

处理方法：逐步加大燃料油用量，直到被加热原油出炉流量达到工艺要求

注：空气量应逐步降低，否则出炉温度会有较大波动。

六、空气过少

现象：原油出炉流量不足；火焰温度较低；若过剩空气系数小于 0.5，加热炉会熄火。

原因：通入空气的作用是提供燃烧所需的氧气。若空气不足，则燃烧不完全，从而导致火焰温度较低、加热炉供热效率差、处理量下降。过剩空气系数是指实际通入空气量与理论计算出的完全燃烧所需空气量的比值。由于燃料性质和加热炉构造等诸多因素的影响，实际通入的空气量往往比理论计算的量要多一些。若过剩空气系数小于 0.5，不能提供燃烧所需的最少氧气量，加热炉会熄火。

处理方法：逐步提高过剩空气系数到 1.3 左右，并适当调节燃料油用量，确保原油出炉流量达到工艺要求。

注：空气量应逐步提高，否则出炉温度会有较大波动。

七、正常停车

(1)将所有控制阀改为手动方式。

(2)关断燃料油。

(3)关断雾化剂。

(4)关断待加热原油。

(5)关断待加热蒸汽。

(6)关闭空气送风机。

(7)关闭空气引风机。

(8)关闭空气挡板。

(9)关闭所有现场阀门。

注：停车过程应按顺序进行，否则有可能烧坏炉管。

八、思考题

1.箱式加热炉的故障类型有哪些？如何进行处理？

2.简述箱式加热炉启动流程。

3.简述箱式加热炉停运流程。

情境三　天然气处理操作实训

知识目标: 掌握天然气脱水基本原理、工艺流程及操作;

掌握天然气脱硫基本原理、工艺流程及操作;

掌握天然气脱硫回收基本原理、工艺流程及操作;

掌握天然气脱硫尾气处理基本原理、工艺流程及操作。

能力目标: 能够正确进行天然气处理工作;

能够对天然气处理中的常见问题进行处理。

素质目标: 具有从事天然气处理工作的职业素质。

项目六　天然气净化脱水仿真操作

任务一　天然气净化脱水操作概述

一、实训目的

井口流出的天然气几乎都为气相水所饱和,甚至会携带一定量的液态水。天然气中水分的存在往往会造成严重的后果:含有 CO_2 和 H_2S 的天然气在有水存在的情况下形成酸而腐蚀管路和设备;在一定条件下形成天然气水合物而堵塞阀门、管道和设备;降低管道输送能力,造成不必要的动力消耗。水分在天然气中的存在是非常不利的,因此,对天然气脱水的要求更为严格。

二、实训原理

天然气脱水是一个物理过程。本单元是用三甘醇进行吸湿性液体脱水,将天然气中的水分吸收进入三甘醇溶液中。吸收了水分的三甘醇富液,在常压高温情况下将水分蒸发出去。用加热再生的方法,再加上干气汽提,可得到浓度约为99.7%的三甘醇溶液。

从脱硫装置来的压力约为4.68 MPa(表),温度约为40.6℃的湿净化天然气,自下部进入TEG 吸收塔(C-1301)。在塔内湿净化天然气自下而上与 TEG 贫液逆流接触,脱除天然气中的饱和水。脱除水分后的天然气出塔后经净化气分离器(D-1301)分液后,在 4.5 MPa(表),约42.8℃条件下出装置,水露点≤−10℃(在出厂压力条件下)。

从 C-1301 下部出来的 TEG 富液经塔底液位调节阀减压后先经再生塔富液精馏柱顶换热盘管换热,然后进入 TEG 闪蒸罐(D-1302)闪蒸,闪蒸出来的闪蒸汽调压后进入燃料气系统用作工厂燃料气。闪蒸后的 TEG 富液则先经过 TEG 预过滤器(F-1301),再经过 TEG 活性炭过滤器(F-1302)和 TEG 后过滤器(F-1303)除去溶液中的机械杂质和降解产物。过滤后的富液经 TEG 贫/富液换热器(E-1303)换热后进入再生塔富液精馏柱提浓。TEG 富液在 TEG 再生塔中被加热至(200±2)℃后,经贫液精馏柱、缓冲罐进入 TEG 贫/富液换热器

(E-1303)中与过滤后的 TEG 富液换热,换热后的 TEG 贫液由 TEG 循环泵(P-1301)送至套管换热器(E-1301)进一步冷却至 48.3℃。冷却后的 TEG 贫液再至 TEG 吸收塔(C-1301)顶部完成溶液循环。

TEG 富液再生产生的再生气,经再生气分液罐(D-1305)分液后,进入焚烧炉(H-1302)焚烧后排入大气。

三、实训器材

1. 主要设备(见表 3-1)

表 3-1 设备列表

序号	位号	名称	序号	位号	名称
1	C1301	TEG 吸收塔	10	E1303	TEG 贫富液换热器
2	D1301	干净化器分离器	11	F1301	TEG 预过滤器
3	D1302	TEG 闪蒸罐	12	F1302	TEG 活性炭过滤器
4	D1303	TEG 缓冲罐	13	F1303	TEG 贫富液换热器
5	D1304	TEG 补充罐	14	H1301	TEG 重沸器
6	D1305	TEG 再生气分液罐	15	H1302	TEG 再生气焚烧炉
7	D1306	TEG 储罐	16	P1301	TEG 循环泵
8	E1301	套管换热器	17	P1302	TEG 提升泵
9	E1302	TEG 富液精馏柱			

2. 主要仪表(见表 3-2)

表 3-2 主要仪表列表

序号	位号	名称	正常指标	说明
1	PIC1302	压力显示仪表	4.5 MPa	产品气控制压力
2	PIC1303	压力显示仪表	4.7 MPa	产品气放空控制压力
3	PIC1304	压力显示仪表	0.58 MPa	闪蒸罐闪蒸汽压力
4	PT1305	压力显示仪表	4.68 MPa	湿净化气进塔压力
5	PI1308	压力显示仪表	4.5 MPa	产品气放空压力
6	PDT1301	压差显示仪表	<20 kPa	脱水塔压差
7	PDT1302	压差显示仪表	<80 kPa	TEG 预过滤器差压
8	PDT1303	压差显示仪表	<100 kPa	活性炭过滤器差压
9	PDT1304	压差显示仪表	<80 kPa	TEG 预过滤器差压
10	LIC1301	液位显示仪表	50%	脱水塔控制液位
11	LIC1303	液位显示仪表	50%	闪蒸罐控制液位
12	LT1304	液位显示仪表	50%	产品气分离器液位

续表

序　号	位　号	名　　称	正常指标	说　明
13	LT1305	液位显示仪表	70%	再生釜液位
14	LT1306	液位显示仪表	70%	TEG 缓冲罐液位
15	LI1314	液位显示仪表	50%	TEG 稀溶液储罐液位
16	LI1315	液位显示仪表	50%	TEG 配制罐液位
17	LI1316	液位显示仪表	50%	TEG 储罐液位
18	TE1301	温度显示仪表	38℃	产品气界区温度
19	TE1303	温度显示仪表	100℃	精馏柱顶部温度
20	TE1304	温度显示仪表	40.6℃	脱水塔进口湿净化气温度
21	TE1305	温度显示仪表	45℃	出套管换热器循环水温度
22	TE1306	温度显示仪表	48.3℃	进脱水塔贫液温度
23	TE1307	温度显示仪表	42.2℃	出脱水塔富液温度
24	TE1308	温度显示仪表	42.2℃	进再生釜精馏柱富液温度
25	TE1309	温度显示仪表	75℃	出精馏柱富液温度
26	TE1310	温度显示仪表	198℃	再生釜中 TEG 温度
27	TE1311	温度显示仪表	350℃	再生釜烟道温度
28	TE1312	温度显示仪表	55℃	进板式换热器富液温度
29	TE1313	温度显示仪表	140℃	出板式换热器富液温度
30	TE1314	温度显示仪表	188℃	进板式换热器贫液温度
31	TE1315	温度显示仪表	70℃	出板式换热器贫液温度
32	TE1317	温度显示仪表	480℃	再生气焚烧炉温度
33	FT1301	流量显示仪表	14.7×10^4 Nm³/h	产品气流量
34	FIC1302	流量显示仪表	4 000 kg/h	进脱水塔贫液流量
35	FIC1303	流量显示仪表	5 m³/h	进再生釜气提气流量
36	FT1304	流量显示仪表	15 Nm³/h	去系统闪蒸汽流量
37	FT1305	流量显示仪表	52 Nm³/h	进再生釜燃料气流量
38	FT1306	流量显示仪表	5.08 Nm³/h	进焚烧炉燃料气流量
39	AT1301	水含量显示仪表	$< 60 \times 10^{-6}$	产品气水含量

任务二　天然气净化脱水实训操作

一、冷态开车

1. 检查准备工作

检查确认本装置具备开产条件,阀门处于正确开关位置,去"开车操作流程简图"点击"检查准备工作结束"按钮。

2. 工厂风吹扫

（1）倒开湿净化气入脱水塔 C1301 管线上的工厂风吹扫盲板 B1304。

（2）打开湿净化气入脱水塔 C1301 管线上工厂风吹扫阀 VG1372。打开脱水塔 C1301 底部排污阀 VG1311。吹净后，关闭 C1301 底部排污阀 VG1311。

（3）打开产品气分离器 D1301 底部排污阀 VG1313。吹净后，关闭 D1301 底部排污阀 VG1313，打开脱水塔液位联锁阀 SVC1303。打开液位调节阀 LV1301 旁通阀 LVG1301。打开 TEG 闪蒸罐 D1302 底部排污阀 VG1315。吹净后，关闭 D1302 底部排污阀 VG1315。

（4）打开 TEG 机械过滤器 F1301 旁通阀 VB1317。打开 TEG 活性炭过滤器 F1302 旁通阀 VB1320。打开 TEG 机械过滤器 F1303 旁通阀 VB1323。打开 TEG 闪蒸罐 D1302 液位调节阀 LV1303 旁通阀 LVG1303。打开 TEG 再沸器 H1301 和缓冲罐 D1303 排污总阀 VG1328。打开 TEG 再沸器 H1301 底部阀 VB1325。吹净后，关闭 H1301 底部阀 VB1325。打开 TEG 缓冲罐 D1303 底部阀 VB1326。吹净后，关闭 D1303 底部阀 VB1326。

（5）关闭湿净化气入脱水塔管线上工厂风吹扫阀 VG1372。打开脱水塔 C1301 底部排污阀排气 VG1311。排尽系统内空气后，关闭 C1301 底部排污阀 VG1311。关闭脱水塔 C1301 液位调节阀 LV1301 旁通阀 LVG1301。关闭 LV1303 调节阀旁通阀 LVG1303。

（6）去"开车操作流程简图"，点击"工厂风吹扫结束"确认按钮。工厂风吹扫过程中，C1301 压力保持在 0.6 MPa 左右。

3. 氮气置换

（1）倒开湿净化气入脱水塔 C1301 管线上的氮气置换盲板 B1303。

（2）打开湿净化气入脱水塔管线上氮气置换阀 VG1371。打开产品气放空压力调节阀 PV1303 前切断阀 PVB1303A、PV1303 后切断阀 PVB1303B、联锁阀 SVO1302、压力调节器 PV1303。

（3）打开 D1301 出口管线上取样阀 VG1381。按 D1301 出口"取样"按钮，取样合格（O_2 含量＜3％）后，关闭 D1301 出口管线上取样阀。

（4）关闭产品气放空联锁阀 SVO1302、调节阀 PV1303。

（5）打开脱水塔 C1301 底部排污阀 VG1311，置换合格后，关闭脱水塔 C1301 底部排污阀 VG1311。

（6）打开产品气分离器 D1301 底部排污阀 VG1313，置换合格后，关闭产品气分离器 D1301 底部排污阀 VG1313。

（7）打开脱水塔 C1301 出口液位调节阀 LV1301 前切断阀 LVB1301A、后切断阀 LVB1301B、液位调节阀 LV1301。

（8）打开 TEG 闪蒸罐 D1302 出口闪蒸汽取样阀 VG1382，按 D1302 出口"取样"按钮取样合格后，关闭 TEG 闪蒸罐 D1302 出口闪蒸汽取样阀 VG1382。

（9）打开 TEG 闪蒸罐 D1302 底部排污阀 VG1315，置换合格后，关闭 D1302 底部排污阀 VG1315。

（10）打开闪蒸罐 D1302 出口液位调节阀 LV1303 前切断阀 LVB1303A、后切断阀 LVB1303B、液位调节阀 LV1303。

（11）打开 TEG 再生气分液罐 D1305 出口管线上取样阀 VG1380，按 D1305 出口"取样"

按钮,取样合格后,关闭汽提气分液罐 D1305 出口取样阀门 VG1380。

(12)打开 TEG 再沸器 H1301 底部阀 VB1325,置换合格后,关闭 H1301 底部阀 VB1325。

(13)打开 TEG 缓冲罐 D1303 底部阀 VB1326,置换合格后,关闭 D1303 底部阀 VB1326、再生废气至 H1301 烟囱阀门 VG1378。

(14)关闭湿净化气入脱水塔管线上的氮气置换阀 VG1371、脱水塔 C1301 液位联锁阀 SVC1303、液位调节阀 LV1301、TEG 闪蒸罐 D1302 液位调节阀 LV1303。

(15)去"开车操作流程简图",点击"氮气置换结束"确认按钮。氮气置换过程中,C1301 压力保持在 0.6 MPa 左右。

4. 工业水洗

(1)打开再沸器精馏柱 TEG 富液入口管线上工业水阀门 VG1302,再沸器 H1301 和缓冲罐 D1303 进工业水。

(2)打开 TEG 缓冲罐 D1303 贫液出口阀 VB1327。

(3)打开贫液富液换热器 E1303 出口至贫液循环泵管线切断阀 VB1304。

(4)打开脱水塔 C1301 贫液入口阀 VB1307。

(5)打开湿净化气管线上氮气阀 VG1371,对脱水塔 C1301 建压,当 PI1302 达到 0.6 MPa 时,关闭湿净化气管线上氮气阀 VG1371。

(6)打开闪蒸罐 D1302 氮气阀 VG1348 建压,对闪蒸罐 D1302 建压,当 PI1304 达到 0.5 MPa时,关闭闪蒸罐 D1302 氮气阀 VG1348。

(7)中压系统试压合格后,打开闪蒸罐 D1302 压力调节阀 PV1304 前切断阀 PVB1304A、后切断阀 PVB1304B,将 D1302 压力调节器 PIC1304 投入自动,PIC1304 控制值设定为0.58 MPa。

(8)当缓冲罐 D1303 液位达到 50% 左右时,打开循环泵 P1301A 入口阀 VG1360 灌泵排气。

(9)打开贫液流量调节阀 FV1302。

(10)打开循环泵 P1301A 回流阀 VG1375,启动循环泵 P1301A,打开出口阀 VG1362,关闭循环泵回流阀 VG1375。

(11)调整流量调节器 FIC1302,将循环量调到 4 000 kg/h 左右,当脱水塔液位达到 50% 左右时,打开脱水塔 C1301 液位联锁阀 SVC1303,缓慢打开脱水塔液位调节阀 LV1301,控制脱水塔液位在 50% 左右。当闪蒸罐 D1302 液位达到 50% 左右时,缓慢打开闪蒸罐液位调节阀 LV1303,控制闪蒸罐液位在 50% 左右。当脱水塔 C1301、闪蒸罐 D1302、缓冲罐 D1303 液位稳定在 50% 左右时,关闭再沸器精馏柱 TEG 富液入口管线上工业水阀门 VG1302,循环水洗2～4 h(仿真按 3 min)后,打开循环泵 P1301A 回流阀 VG1375,关闭 P1301A 出口阀 VG1362,停循环泵 P1301A,关闭循环泵回流阀 VG1375、入口阀 VG1360。

(12)关闭脱水塔 C1301 液位联锁阀 SVC1303、液位调节阀 LV1301。

(13)关闭闪蒸罐 D1302 液位调节阀 LV1303。

(14)打开脱水塔 C1301 底部排污阀 VG1311 排水,排尽后关闭 C1301 底部排污阀 VG1311。

(15)打开闪蒸罐 D1302 底部排污阀 VG1315 排水,排尽后关闭 D1302 底部排污阀 VG1315。

(16)打开再沸器 H1301 底部阀 VB1325 排水,排尽后关闭 H1301 底部阀 VB1325。

(17)打开缓冲罐 D1303 底部阀 VB1326 排水,排尽后关闭 D1303 底部阀 VB1326。

(18)去"开车操作流程简图",点击"工业水洗结束"确认按钮。脱水塔 C1301 液位稳定在 50％左右,闪蒸罐 D1302 液位稳定在 50％左右,缓冲罐 D1303 液位稳定在 50％左右,再生器 H1301 液位稳定在 90％左右。

5.除氧水洗

(1)打开再沸器精馏柱 TEG 富液入口管线上除氧水阀门 VG1303,再沸器 H1301 和缓冲罐 D1303 进除氧水。

(2)打开湿净化气管线上氮气阀 VG1371,对脱水塔 C1301 建压,当 PI1302 达到 0.6 MPa 时,关闭湿净化气管线上氮气阀 VG1371。

(3)打开闪蒸罐 D1302 氮气阀 VG1348 建压,对闪蒸罐 D1302 建压,当 PI1304 达到 0.5 MPa 时,关闭闪蒸罐 D1302 氮气阀 VG1348。

(4)当缓冲罐 D1303 液位达到 50％左右时,打开循环泵 P1301A 入口阀 VG1360 灌泵排气,打开循环泵 P1301A 回流阀 VG1375,启动循环泵 P1301A,打开循环 P1301A 出口阀门 VG1362,关闭循环泵回流阀 VG1375。流量调节器 FIC1302 流量保持在 4 000 kg/h 左右。

(5)当脱水塔液位达到 50％左右时,打开脱水塔 C1301 液位联锁阀 SVC1303、液位调节阀 LV1301,控制脱水塔液位在 50％左右。

(6)当闪蒸罐 D1302 液位达到 50％左右时,缓慢打开闪蒸罐液位调节阀 LV1303,控制闪蒸罐液位在 50％左右。

(7)当脱水塔 C1301、闪蒸罐 D1302、缓冲罐 D1303 液位稳定在 50％左右时,关闭再沸器精馏柱 TEG 富液入口管线上除氧水阀门 VG1303。

(8)进行仪表联校,循环水洗 2～4 h(仿真操作 3 min 以上),打开循环泵 P1301A 回流阀 VG1375。

(9)关闭 P1301A 出口阀 VG1362,停循环泵 P1301A,关闭循环泵回流阀 VG1375,关闭循环泵 P1301A 入口阀 VG1360。

(10)关闭脱水塔 C1301 液位联锁阀 SVC1303、液位调节阀 LV1301 闪蒸罐 D1302 液位调节阀 LV1303。

(11)打开脱水塔 C1301 底部排污阀 VG1311 排水,排尽后关闭 C1301 底部排污阀 VG1311、闪蒸罐 D1302 底部排污阀 VG1315 排水,排尽后关闭。打开再沸器 H1301 底部阀 VB1325 排水,排尽后关闭。打开缓冲罐 D1303 底部阀 VB1326 排水,排尽后关闭。关闭 TEG 再沸器 H1301 和缓冲罐 D1303 排污总阀 VG1328。

(12)去"开车操作流程简图",点击"除氧水洗结束"确认按钮。脱水塔 C1301 液位稳定在 50％左右,闪蒸罐 D1302 液位稳定在 50％左右,缓冲罐 D1303 液位稳定在 50％左右,再生器 H1301 液位稳定在 90％左右。

6.试压检漏准备工作

(1)去"开车操作流程简图",点击"确认燃料气系统投运正常"按钮、"确认火炬与放空系统投运正常"按钮。

(2)倒闭氮气置换管线盲板 B1303,B1304。

(3)倒开湿净化气入口管线盲板 B1302,B1305,B1301。

7. 中压系统试压检漏

(1)将 D1302 压力调节器 PIC1304 投入手动。

(2)关闭 PV1304,关闭闪蒸罐 D1302 压力调节阀 PV1304 前切断阀 PVB1304A,切断阀 PVB1304B。

(3)打开 TEG 闪蒸罐 D1302 氮气阀,对中压系统建压检漏 VG1348。当闪蒸罐 D1202 压力 PI1304 达到 0.58 MPa 时,关闭 D1302 氮气阀 VG1348。

(4)用检漏剂对中压系统所有拆卸过的设备、管线、法兰等进行检漏,若发现漏点立即整改,合格后去"开车操作流程简图",点击"中压检漏合格"。

(5)中压系统试压合格后,打开闪蒸罐 D1302 压力调节阀 PV1304 前切断阀 PVB1304A、后切断阀 PVB1304B。

(6)将 D1302 压力调节器 PIC1304 投入自动。PIC1304 控制值设定为 0.58 MPa,闪蒸罐充压在 0.58 MPa 左右。

8. 高压系统试压检漏

(1)打开开工建压管线切断阀 VG1305,缓慢对高压系统升压,升压速率控制在 0.3 MPa/min 以下,当产品气分离器 D1301 出口压力 PI1302 达到 1.0 MPa 时,关闭开工建压管线切断阀 VG1305,进行第一次检漏。用检漏剂对高压系统所有拆卸过的设备、管线、法兰等进行检漏,若发现漏点立即整改,合格后去"开车操作流程简图",点击"高压检漏合格(1)"按钮。

(2)打开开工建压管线切断阀 VG1305,继续对高压系统升压。当 PI1302 压力达到 2.5 MPa时,关闭开工建压管线切断阀 VG1305,进行第二次检漏。用检漏剂对高压系统所有拆卸过的设备、管线、法兰等进行检漏,若发现漏点立即整改,合格后去"开车操作流程简图",点击"高压检漏合格(2)"按钮。

(3)第二次检漏合格后,继续打开开工建压管线切断阀 VG1305。当 PI1302 压力达到 4.0 MPa时,关闭开工建压管线切断阀 VG1305,进行第三次检漏。用检漏剂对高压系统所有拆卸过的设备、管线、法兰等进行检漏,若发现漏点立即整改,合格后去"开车操作流程简图",点击"高压检漏合格(3)"按钮。

(4)第三次检漏合格后,再次打开湿净化气管线上的切断阀 VG1305。当 PI1302 压力达到 4.68 MPa 时,关闭湿净化气管线上的切断阀 VG1305 进行最后一次检漏。用检漏剂对高压系统所有拆卸过的设备、管线、法兰等进行检漏,若发现漏点立即整改,合格后去"开车操作流程简图",点击"高压检漏合格(4)"按钮。

(5)第一次检漏压力在 1 MPa 左右,检漏合格。第二次检漏压力在 2.5 MPa 左右,检漏合格。第三次检漏压力在 4 MPa 左右,检漏合格。第四次检漏压力在 4.68 MPa 左右,检漏合格。

9. 冷循环

(1)打开 TEG 储罐 D1306A 顶部的呼吸阀 VG1345、出口阀 VB1305。关闭贫富液换热器 E1303 到循环泵 P1301A 进口阀 VB1304。打开 TEG 储罐 D1306 至循环泵 P1301A 的阀门 VB1384。

(2)打开循环泵 P1301A 入口阀 VG1360,灌泵排气。打开循环泵 P1301A 回流阀 VG1375,启动循环泵 P1301A,打开循环泵 P1301A 出口阀 VG1362,关闭循环泵 P1301A 回流阀 VG1375。调整流量调节器 FIC1302,将循环量调到 4 000 kg/h 左右。

(3)当脱水塔液位达到 50% 左右时,打开脱水塔 C1301 液位联锁阀 SVC1303。缓慢打开脱水塔 C1301 液位调节阀 LV1301,控制脱水塔 C1301 液位在 50% 左右。

(4)打开 TEG 机械过滤器 F1301 进口阀 VB1316、出口阀 VB1318、旁通阀 VB1317。打开 TEG 机械过滤器 F1303 进口阀 VB1322、出口阀 VB1324、旁通阀 VB1323。当闪蒸罐 D1302 液位达到 50% 左右时,缓慢打开闪蒸罐液位调节阀 LV1303,控制闪蒸罐液位在 50% 左右。

(5)打开循环泵 P1301A 回流阀 VG1375,关闭 P1301A 出口阀 VG1362,停循环泵 P1301A,系统进液完成,关闭循环泵回流阀 VG1375,关闭循环泵 P1301A 入口阀 VG1360。

(6)关闭脱水塔 C1301 液位联锁阀 SVC1303、液位调节阀 LV1301。关闭闪蒸罐 D1302 液位调节阀 LV1303、出口阀 VB1305。关闭储罐 D1306A 呼吸阀 VG1345、TEG 储罐 D1306 至循环泵 P1301A 阀门 VB1384。

(7)打开贫液换热器 E1303 至循环泵 P1301A 入口阀 VB1304。打开循环泵 P1301A 入口阀 VG1360,灌泵排气,打开循环泵 P1301A 回流阀 VG1375,启运循环泵 P1301A,打开循环泵 P1301A 出口阀 VG1362,关闭循环泵 P1301A 回流阀 VG1375。调整流量调节器 FIC1302,将循环量调到 4 000 kg/h 左右。

(8)当脱水塔液位达到 50% 左右时,打开脱水塔 C1301 液位联锁阀 SVC1303,缓慢打开脱水塔 C1301 液位调节阀 LV1301。液位稳定后,将脱水塔 C1301 液位调节器 LIC1301 投自动,LIC1301 设定 50%。

(9)当闪蒸罐 D1302 液位达到 50% 左右时,缓慢打开闪蒸罐液位调节阀 LV1303,液位稳定后,将闪蒸罐 D1302 液位调节器 LIC1303 投自动,LIC1303 设定 50%。

(10)去"开车操作流程简图",点击"冷循环结束"确认按钮。冷循环时脱水塔 C1301 液位稳定在 50% 左右,冷循环时闪蒸罐 D1302 液位稳定在 50% 左右,进液时缓冲罐 D1303 液位稳定在 50% 以上,再生器 H1301 液位稳定在 90% 左右,闪蒸罐充压在 0.58 MPa 左右。

10. 热循环

(1)打开 TEG 贫液后冷器 E1301 冷却水出口阀 VB1309、进口阀 VB1308。按下废气焚烧炉 H1302 点火按钮,焚烧炉点火升温,以 25~35℃/h(仿真按 25~35℃/min)的速率升温。

(2)预设再生炉 H1301 温度控制器 TIC1302A、TIC1302B、TIC1302C 开度均为 20%。按下再生炉 H1301 点火按钮,再生炉点火,以 25~35℃/h(仿真按 25~35℃/min)的速率升温。

(3)当 H1301 顶部温度 TE1310 达到 195℃ 时,将再生器温度控制器 TIC1302A、TIC1302B、TIC1302C 投自动。温度均设定为 198℃。

(4)当再生废气焚烧炉 H1302 温度达到 400℃ 时,打开 D1305 出口到焚烧炉废气阀 VG1379。关闭废气到 H1301 烟道阀门 VG1378。

(5)打开汽提气流量调节阀 FV1303 前切断阀、后切断阀、流量调节阀 FV1303,控制气体流量为 5 m³/h 左右。打开活性炭过滤器 F1302 进口阀 VB1319、出口阀 VB1321、旁通阀 VB1320。

(6)调整各点参数至正常值,等待进气生产,去"开车操作流程简图",点击"热循环结束"确认按钮。控制汽提气流量为 5 m³/h 左右,保持再生炉炉温在 198℃ 左右,保持焚烧炉温度在 400~500℃ 之间,脱水再生重沸器烟囱温度保持在 350℃ 左右,热循环时脱水塔 C1301 液位稳定在 50% 左右,热循环时闪蒸罐 D1302 液位稳定在 50% 左右,热循环时缓冲罐 D1303 液位稳定在 50% 左右,再生器 H1301 液位稳定在 90% 左右,保持 D1302 压力在 0.58 MPa 左右。

11. 进气生产

(1)打开产品气放空联锁阀 SVO1302,将产品气放空压力调节器 PIC1303 投入自动。设定 PIC1303 控制压力为 4.6 MPa。缓慢打开湿净化气管线上的切断阀 VG1304,当产品气在线分析仪 AI1301 显示小于 60ppm(1ppm=10^{-6})时,打开产品气出站界区大阀 VB1302、产品气出口压力调节阀 PV1302 的前切断阀 PVB1302A、后切断阀 PVB1302B。打开产品气出站联锁阀 SVC1301。

(2)缓慢打开产品气压力调节阀 PV1302,控制好系统压力 PI1302,压力稳定后将产品气压力调节器 PIC1302 投自动。PIC1302 设定为 4.5 MPa,将产品气放空压力调节器 PIC1303 设定值设定为 4.7 MPa。

(3)关闭 SVO1302,系统压力控制在 4.5 MPa 左右。

(4)点击"投入联锁"去"开车操作流程简图",点击"开车完成"确认按钮。

二、停车操作

1. 停气

(1)解除联锁。

(2)缓慢关闭湿净化气入口阀 VG1304,当净化气流量 FI1301 显示接近于 0 时,将产品气压力调节阀 PIC1302 投入手动。

(3)关闭产品气压力调节阀 PV1302、出口联锁阀 SVC1301、产品气出口压力调节阀 PV1302 前切断阀 PVB1302A、后切断阀 PVB1302B、产品气界区出口阀 VB1302。

去"停车操作流程简图",点击"停气结束"确认按钮。

2. 热循环

(1)装置循环 2~4 h(仿真按 3 min),打开闪蒸罐 D1302 出口富液取样阀 VG1385,按富液"取样"按钮。取样显示合格后(TEG>99.6%),关闭闪蒸罐 D1302 出口富液取样阀 VG1385,按 TEG 再沸器 H1301 停车按钮。

(2)关闭气提气流量调节阀 FV1303、前切断阀 FVB1303A、后切断阀 FVB1303B。

(3)去"停车操作流程简图",点击"热循环结束"确认按钮。

3. 冷循环

(1)调整调节器 FIC1302 流量,将循环量 FT1302 增大。当 TEG 缓冲罐贫液出口温度 TI1314 降至 55~60℃时,按焚烧炉 H1302 停车按钮。

(2)打开 TEG 循环泵 P1301A 回流阀 VG1375。

(3)关闭循环泵 P1301A 出口阀 VG1362。

(4)停运循环泵 P1301A,关闭 TEG 循环泵 P1301A 回流阀 VG1375、入口阀 VG1360。

(5)关闭脱水塔 C1301 液位联锁阀 SVC1303、液位调节阀 LV1301。

(6)关闭闪蒸罐 D1302 液位调节阀 LV1303。

(7)去"停车操作流程简图",点击"冷循环结束"确认按钮。

4. 回收溶液

(1)打开 TEG 溶液回收总管到 TEG 补充罐 D1304 阀门 VB1331。

(2)打开吸收塔 C1301 底部溶液回收阀 VG1310,溶液回收干净后关闭。

(3)打开 TEG 闪蒸罐 D1302 底部溶液回收阀 VG1314,溶液回收干净后关闭。

(4)打开溶液机械过滤器 F1301 底部溶液回收阀 VG1336,溶液回收干净后关闭。

(5)打开溶液活性炭过滤器 F1302 底部溶液回收阀 VG1337,溶液回收干净后关闭。

(6)打开溶液机械过滤器 F1303 底部溶液回收阀 VG1338,溶液回收干净后关闭。

(7)打开 TEG 再生炉 H1301、缓冲罐 D1303 底部溶液回收总阀 VG1329 和 TEG 再生炉 H1301 底部溶液回收阀 VB1325,溶液回收干净后关闭。

(8)打开 TEG 缓冲罐 D1303 底部溶液回收阀 VB1326,溶液回收干净后关闭。

(9)打开溶液储罐 D1306A 顶部呼吸阀 VG1345,90%以上。当溶液补充罐 D1304 液位达到 30%时,启动 TEG 溶液补充泵泵 P1302。

(10)打开补充泵 P1302 出口阀 VG1330,打开溶液补充泵 P1302 至溶液储罐 D1306A 进口阀门 VB1344,将 TEG 溶液打入至 D1306A。当 D1304 无液位时,关闭补充泵 P1302 出口阀 VG1330。

(11)停运补充泵 P1302,关闭 P1302 至 D1306A 进口阀 VB1344、顶部呼吸阀 VG1345。

(12)去"停车操作流程简图",点击"回收溶液结束"确认按钮。

5.除氧水洗

(1)打开再沸器精馏柱 TEG 富液入口管线上除氧水阀门 VG1303,再沸器 H1301 和缓冲罐 D1303 进除氧水。当缓冲罐 D1303 液位达到 50%左右时,打开循环泵 P1301A 入口阀 VG1360 灌泵排气,打开循环泵 P1301A 回流阀 VG1375,启动循环泵 P1301A。打开循环泵 P1301A 出口阀门 VG1362,关闭循环泵回流阀 VG1375。

(2)调整流量调节器 FIC1302,流量调节器 FIC1302 流量保持在 4 000 kg/h 左右。当脱水塔液位达到 50%左右时,打开脱水塔 C1301 液位联锁阀 SVC1303。缓慢打开脱水塔液位调节阀 LV1301,控制脱水塔液位在 50%左右打开机械过滤器 F1301 旁通阀 VB1317。

(3)关闭机械过滤器 F1301 进口阀 VB1316、出口阀 VB1318。

(4)打开活性炭过滤器 F1302 旁通阀 VB1320、进口阀 VB1319、出口阀 VB1321。打开机械过滤器 F1303 旁通阀 VB1323、进口阀 VB1322、出口阀 VB1324。

(5)当闪蒸罐 D1302 液位达到 50%左右时,缓慢打开闪蒸罐液位调节阀 LV1303,控制闪蒸罐液位在 50%左右。当脱水塔 C1301、闪蒸罐 D1302、缓冲罐 D1303 液位稳定在 50%左右时,关闭再沸器精馏柱 TEG 富液入口管线上除氧水阀门。

(6)循环水洗 2~4 h(仿真按 3 min),打开循环泵 P1301A 回流阀 VG1375,关闭 P1301A 出口阀 VG1362,停循环泵 P1301A。关闭循环泵回流阀 VG1375、入口阀 VG1360。

(7)关闭脱水塔 C1301 液位联锁阀 SVC1303、液位调节阀 LV1301。关闭闪蒸罐 D1302 液位调节阀 LV1303。

(8)打开脱水塔 C1301 底部溶液回收阀 VG1310,溶液回收干净后关闭。

(9)打开 TEG 闪蒸罐 D1302 底部溶液回收阀 VG1314,溶液回收干净后关闭。

(10)打开再沸器 H1301 底部阀 VB1325 回收溶液,溶液回收干净后关闭。

(11)打开缓冲罐 D1303 底部阀 VB1326 回收溶液,溶液回收干净后关闭。

(12)关闭 TEG 再沸器 H1301 和缓冲罐 D1303 溶液回收总阀 VG1329。打开稀溶液储罐 D1306B 顶部呼吸阀 VG1332,开度在 90%以上。

(13)当溶液补充罐 D1304 液位达到 30%时,启动 TEG 溶液补充泵 P1302,打开补充泵 P1302 出口阀 VG1330。打开溶液补充泵 P1302 至稀溶液储罐 D1306B 进口阀门 VB1335,将 TEG 稀溶液打入至 D1306B。

(14)当 D1304 无液位时,关闭补充泵 P1302 出口阀 VG1330,停运补充泵 P130,关闭 P1302 至 D1306B 进口阀 VB1335、顶部呼吸阀 VG1332。

(15)关闭 TEG 溶液回收总管到 TEG 补充罐 D1304 阀门 VB1331,去"停车操作流程简图",点击"除氧水洗结束"确认按钮。

6.工业水洗

(1)打开再沸器精馏柱 TEG 富液入口管线上工业水阀门 VG1302,再沸器 H1301 和缓冲罐 D1303 进工业水。

(2)当缓冲罐 D1303 液位达到 50% 左右时,打开循环泵 P1301A 入口阀 VG1360、回流阀 VG1375,启动循环泵 P1301A。打开循环 P1301A 出口阀门 VG1362、关闭循环泵回流阀 VB1375。流量调节器 FIC1302 流量保持在 4 000 kg/h 左右。

(3)当脱水塔液位达到 50% 左右时,打开脱水塔 C1301 液位联锁阀 SVC1303,缓慢打开脱水塔液位调节阀 LV1301,控制脱水塔液位在 50% 左右。当闪蒸罐 D1302 液位达到 50% 左右时,缓慢打开闪蒸罐液位调节阀 LV1303,控制闪蒸罐液位在 50% 左右。当脱水塔 C1301、闪蒸罐 D1302、缓冲罐 D1303 液位稳定在 50% 左右时,关闭再沸器精馏柱 TEG 富液入口管线上工业水阀门 VG1302。

(4)循环水洗 2～4 h(仿真按 3 min),打开循环泵 P1301A 回流阀 VG1375。关闭 P1301A 出口阀 VG1362,停循环泵 P1301A。关闭循环泵回流阀 VG1375、入口阀 VG1360。

(5)关闭脱水塔 C1301 液位联锁阀 SVC1303、液位调节阀 LV1301、闪蒸罐 D1302 液位调节阀 LV1303。

(6)打开脱水塔 C1301 底部排污阀 VG1311 排水,排尽后,关闭。打开闪蒸罐 D1302 底部排污阀 VG1315 排水,排尽后,关闭。打开 TEG 再沸器 H1301 和缓冲罐 D1303 排污总阀 VG1328 打开再沸器 H1301 底部阀 VB1325 排水,排尽后,关闭。打开缓冲罐 D1303 底部阀 VB1326 排水,排尽后,关闭。

(7)去"停车操作流程简图",点击"工业水洗结束"确认按钮。

7.泄压

(1)打开 D1301 产品气出口放空联锁阀 SVO1302。

(2)打开 D1301 产品气出口放空调节阀 PV1303,对高压段进行放空。在 PI1302 降为 0 后,关闭 D1301 产品气出口放空调节阀 PV1303。

(3)手动关闭闪蒸罐 D1302 闪蒸汽压力调节阀 PV1304。

(4)关闭 D1302 压力调节阀 PV1304 前切断阀 PVB1304A、后切断阀 PVB1304B。

(5)打开 D1302 安全阀旁通阀 VG1377。在 PI1304 压力降为 0 后,关闭 D1302 安全阀旁通阀 VG1377。

(6)去"停车操作流程简图",点击"泄压结束"确认按钮。

8.氮气置换

(1)倒开湿净化气入脱水塔 C1301 管线上的氮气置换盲板 B1303,打开湿净化气入脱水塔管线上氮气置换阀 VG1371。

(2)打开 D1301 产品气出口放空调节阀 PV1303、出口管线上取样阀 VG1381,按 D1301 出口"取样"按钮。取样合格后(CH_4 含量<3%),关闭 D1301 产品气出口取样阀 VG1381、联锁阀 SVO1302、压力调节阀 PV1303、前切断阀 PVB1303A、后切断阀 PVB1303B。

(3)打开脱水塔 C1301 底部排污阀 VG1311,置换合格后,关闭。打开产品气分离器 D1301 底部排污阀 VG1313,置换合格后,关闭。

(4)打开 C1301 液位联锁阀 SVC1303、液位调节阀 LV1301、D1302 液位调节器 LV1303、再生气分液罐 D1305 出口取样阀 VG1380,按 D1305 出口"取样"按钮。取样合格后(CH_4 含量<3%),关闭再生气分液罐 D1305 出口取样阀 VG1380。关闭 D1305 到 H1302 切断阀 VG1379。

(5)打开 TEG 闪蒸罐 D1302 出口闪蒸汽取样阀 VG138,按 D1302 出口"取样"按钮。取样合格后(CH_4 含量<3%),关闭 D1302 闪蒸汽取样阀 VG1382。打开 TEG 闪蒸罐 D1302 底部阀 VG1315,置换合格后,关闭。打开 H1301 底部阀 VB1325,置换合格后,关闭。

(6)打开 TEG 缓冲罐 D1303 底部阀 VB1326,置换合格后,关闭。湿净化气入脱水塔管线上的氮气置换阀 VG1371,置换合格后,关闭 D1303 底部阀 VB1326、脱水塔 C1301 液位联锁阀 SVC1303、液位调节阀 LV1301、闪蒸罐 D1302 液位调节阀 LV1303。

(7)倒闭产品气出界区盲板 B1301、湿净化气管线上进口阀后盲板 B130、开工建压管线盲板 B1305。去"停车操作流程简图",点击"氮气置换结束"确认按钮。

9. 工厂风吹扫

(1)倒开湿净化气入脱水塔 C1301 管线上的工厂风吹扫盲板 B1304。

(2)打开湿净化气入脱水塔 C1301 管线上工厂风吹扫阀 VG1372。

(3)打开 D1301 出口管线上取样阀 VG1381,按 D1301 出口"取样"按钮。取样合格后(O_2 含量>18%,H_2S 含量<10 g/m³),关闭 D1301 产品气出口取样阀 VG1381。

(4)打开脱水塔 C1301 底部排污阀 VG1311,吹净后,关闭。

(5)打开产品气分离器 D1301 底部排污阀 VG1313,吹净后,关闭。

(6)打开 C1301 液位联锁阀 SVC1303、液位调节阀 LV1301。打开 D1302 液位调节器 LV1303。打开再生气分液罐 D1305 出口取样阀 VG1380,按 D1305 出口"取样"按钮。取样显示合格后(O_2 含量>18%,H_2S 含量<10 g/m³),关闭再生气分液罐 D1305 出口取样阀 VG1380。

(7)打开 TEG 闪蒸罐 D1302 出口闪蒸汽取样阀 VG1382,按 D1302 出口"取样"按钮。取样合格后(O_2 含量>18%,H_2S 含量<10 g/m³),关闭 D1302 闪蒸汽取样阀 VG1382。

(8)打开 TEG 闪蒸罐 D1302 底部排污阀 VG1315,置换合格后,关闭。打开 H1301 底部排污阀 VB1325,置换合格后,关闭。打开 TEG 缓冲罐 D1303 底部阀 VB1326,置换合格后,关闭。

(9)关闭溶液后冷器循环水进口切断阀 VB1308、出口切断阀 VB1309。

(10)关闭脱水塔 C1301 液位联锁阀 SVC1303、液位调节阀 LV1301。关闭闪蒸罐 D1302 液位调节阀 LV1303。关闭产品气出口安全阀前切断阀 VB1364、后切断阀 VB1365,关闭闪蒸汽出口安全阀前切断阀 VB1366、后切断阀 VB1367。

(11)点击"工厂风吹扫结束"确认按钮。去"停车操作流程简图",点击"停产结束"确认按钮。

四、思考题

1.天然气组成及分类有哪些?

2.天然气加工的主要产品种类及组成有哪些?

3.简述商品气的质量要求。

4.天然气净化的目的是什么？

5.简述天然气脱水的方法及其原理。

6.简述防止天然气水合物形成的方法。

7.怎样理解露点降定义？

8.甘醇法脱水与吸附法脱水的优、缺点有哪些？

9.简述甘醇法脱水的工艺流程。

10.当用天然气甘醇吸收法脱水时，要求的干气含水量确定以后，进塔贫甘醇的浓度如何确定？

11.甘醇在使用过程中将会受到各种污染，产生这些污染的原因及解决方法是什么？

项目七 天然气净化脱硫仿真操作

任务一 天然气净化脱硫操作概述

一、实训目的

天然气可分为酸性天然气和洁气。酸性天然气指含有显著量的硫化物和 CO_2 等酸性气体，必须经处理后才能达到管输标准或商品气气质指标的天然气。洁气是指硫化物和 CO_2 含量甚微或根本不含，不需要净化就可以外输和利用的天然气。天然气中存在的硫化物主要是 H_2S，此外还可能含有一些有机硫化物，如硫醇、硫醚、COS 及二硫化碳等；除硫化物外，二氧化碳也是需要限制的指标。

二、实训原理

1.原料气过滤分离单元

本单元采用重力分离和过滤分离作用分离出原料气中夹带的凝析油、游离水和固体杂质。重力分离器主要是将原料天然气中的较大直径的液滴和机械杂质沉降分离，过滤分离器主要是过滤出原料气中的游离态的液体以及直径大于 $3\ \mu m$ 机械杂质，过滤精度达到 99.98%。

原料天然气在 $10\sim25℃$，4.8 MPa（表）条件下进入过滤分离装置，先经重力分离器 D1101，将较大直径的液滴和机械杂质沉降分离后，进入互为备用的原料气过滤分离器 F1101/A,B 进行过滤分离，尽可能除去可能携带的游离液体和直径大于 $3\ \mu m$ 机械杂质，最后经流量控制后去脱硫装置（1 200 单元）。原料天然气分离出来的液体水进入污液罐 D1102 沉降闪蒸后，用氮气压送至污水处理装置。

2.脱硫单元

脱硫装置采用化学吸收法，利用甲基二乙醇胺（MDEA）溶液脱除天然气中的硫化氢，即采用浓度为 40%（w）的 MDEA 水溶液在吸收塔内通过气液逆流接触进行脱硫，在 4.68 MPa，40℃下，将天然气中的酸性组分吸收，然后在 0.085 MPa，98℃下，将吸收的组分解吸出来。

(1)原料天然气脱硫吸收部分。

含硫天然气在 $10\sim25℃$，4.75 MPa（表）条件下自原料气过滤分离单元（1100 单元）进入本装置，首先进入 MDEA 吸收塔 C-1201 下部。在塔内，含硫天然气自下而上与 MDEA 浓度为 40%（w）的贫液逆流接触，气体中几乎全部 H_2S 和部分 CO_2 被胺液吸收脱除。在吸收塔第

10 层、12 层、16 层塔盘分别设置贫胺液入口,可根据含硫天然气中 H_2S 和 CO_2 含量变化情况调节塔的操作,以确保净化气的质量指标。出塔湿净化气经湿净化气分离器 D1201 分液后,在 45℃,4.68 MPa(表)条件下送往脱水单元进行脱水处理。

(2)富液闪蒸部分。

从 C1201 底部出来的 MDEA 富液经液位调节阀后,进入压力为 0.6 MPa(表)的 MDEA 闪蒸塔 C1203 下部罐内,闪蒸出绝大部分溶解在溶液中的烃类气体,闪蒸汽在填料柱内由下而上流动与自上而下的 MDEA 贫液逆流接触,脱除闪蒸汽中的 H_2S 和部分 CO_2 气体,闪蒸汽的 H_2S 含量 ≤200 mg/m³。闪蒸汽经压力调节阀后进入燃料气系统作燃料使用。

(3)溶液过滤部分。

从塔 C1203 底部引出的 MDEA 富液在压力 0.6 MPa(表)下流经 MDEA 预过滤器 F1201 除去溶液中的机械杂质,过滤后的溶液分出 30%(或全部)流经 MDEA 活性炭过滤器 F1202,以吸附溶液中的降解产物,最后全部 MDEA 富液经过 MDEA 后过滤器 F1203 除去溶液中的活性炭粉末和其他固体杂质,以保持溶液系统的清洁。

(4)溶液再生部分。

MDEA 富液经三级过滤系统后进入 MDEA 贫/富液换热器 E1201 与 MDEA 再生塔 C1202 塔底出来的 MDEA 贫液换热,然后进入 MDEA 再生塔 C1202 上部第 18 层,与塔内自下而上的蒸汽逆流接触进行再生,解析出 H_2S 和 CO_2 气体。再生热量由塔底重沸器 E1203 提供。MDEA 贫液从 C1202 底部出来,经 E1201 与 MDEA 富液换热,进入 MDEA 后冷器 E1202 进一步冷至约 40℃,然后由 MDEA 循环泵 P-1201 将贫液分别送入 MDEA 吸收塔 C-1201 和 MDEA 闪蒸塔 C1203,完成整个溶液系统的循环。

(5)酸性气体的冷却和装置补充水。

由 MDEA 再生塔 C1202 顶部出来的酸性气体经酸气空冷器 E1204 后,进入酸气后冷器 E-1205 冷至 40℃,再进入酸气分离器 D1202,分离出酸水后的酸气在 0.08 MPa(表)下送至硫磺回收装置进行处理。分离出的酸水由酸水回流泵 P1202 送至 MDEA 再生塔 C1202 顶部作回流,以保持系统水平衡。

三、实训器材

1. 主要设备(见表 3-3)

表 3-3 设备列表

序　号	位　号	名　　称	序　号	位　号	名　　称
1	D1101	原料气重力分离器	12	E1201	MDEA 贫富液换热器
2	D1102	污液罐	13	E1202	MDEA 后冷器
3	F1101	原料气高效过滤器	14	E1203	再生塔底重沸器
4	C1201	脱硫吸收塔	15	E1204	酸气空冷器
5	C1202	脱硫再生塔	16	E1205	酸气后冷器
6	C1203	脱硫闪蒸塔	17	F1201	MDEA 预过滤器
7	D1201	湿净化气分离器	18	F1202	MDEA 活性炭过滤器
8	D1202	酸气分离器	19	F1203	MDEA 后过滤器

续 表

序　号	位　号	名　称	序　号	位　号	名　称
9	D1203	MDEA 储罐	20	P1201	MDEA 循环泵
10	D1204	MDEA 配置罐	21	P1202	酸水回流泵
11	D1205	凝结水分离罐	22	P1203	补充泵

2. 仪表（见表 3-4）

表 3-4　仪表列表

序　号	位　号	名　称	正常值	说　明
1	PI1101	压力显示仪表	4.8 MPa	进原料气分离器压力
2	PI1103	压力显示仪表	4.8 MPa	进装置原料气压力
3	PI1201	压力显示仪表	4.68 MPa	湿净化气压力显示
4	PI1202	压力显示仪表	0.6 MPa	闪蒸塔压力显示
5	PI1203	压力显示仪表	80 kPa	酸气分离器压力显示
6	PI1205	压力显示仪表	0.3 MPa	蒸汽压力显示
7	PI1210	压力显示仪表	4.68 MPa	MDEA 吸收塔压力显示
8	PI1211	压力显示仪表	6.4 MPa	MDEA 循环泵压力显示
9	PI1212	压力显示仪表	0.25 MPa	凝结水罐压力显示
10	PI1213	压力显示仪表	0.65 MPa	酸水回流泵压力显示
11	PI1214	压力显示仪表	0.4 MPa	MDEA 补充泵压力显示
12	PI1215	压力显示仪表	0.65 MPa	酸水回流泵压力显示
13	LI1101	液位显示仪表	≤50.0%	原料气重力分离罐液位
14	LI1103	液位显示仪表	≤50.0%	污液罐液位
15	LI1201	液位显示仪表	50%	吸收塔液位显示
16	LI1203	液位显示仪表	50%	闪蒸塔液位显示
17	LI1204	液位显示仪表	50%	凝结水罐液位显示
18	LI1205	液位显示仪表	50%	酸水分离罐液位显示
19	LI1206	液位显示仪表	50%	湿净化气分离器液位显示
20	LI1207	液位显示仪表	50%	再生塔液位显示
21	LI1220	液位显示仪表	50%	MDEA 储罐液位显示
22	LI1220	液位显示仪表	50%	MDEA 稀溶液储罐液位显示
23	LI1222	液位显示仪表	50%	MDEA 配置罐液位显示
24	TI1201	温度显示仪表	90℃	MDEA 再生塔塔顶温度

续 表

序 号	位 号	名 称	正常值	说 明
25	TI1204	温度显示仪表	124.2℃	进板式换热器 A/B 贫液温度
26	TI1205	温度显示仪表	55℃	出板式换热器 A/B 贫液温度
27	TI1206	温度显示仪表	40℃	出贫液后冷器贫液温度
28	TI1207	温度显示仪表	45℃	出贫液后冷器循环水温度
29	TI1208	温度显示仪表	47℃	进板式换热器 A/B 富液温度
30	TI1209	温度显示仪表	91.8℃	出板式换热器 A/B 富液温度
31	TI1211	温度显示仪表	121.2℃	进重沸器半贫液温度
32	TI1212	温度显示仪表	126℃	出重沸器半贫液温度
33	TI1213	温度显示仪表	45℃	空冷器出口酸气温度
34	TI1214	温度显示仪表	40℃	酸气后冷器出口酸气温度
35	PIC1101	压力控制器	<5.2 MPa	进原料气分离器压力控制
36	PT1102	压力显示仪表	4.75 MPa	进吸收塔压力
37	PT1103	压力显示仪表	4.8 MPa	进装置压力
38	PDT1101	压差显示仪表	<80 kPa	原料气高效过滤器压差
39	PDT1102	压差显示仪表	<80 kPa	原料气高效过滤器压差
40	PIC1201	压力控制器	<4.8 MPa	干净化分离器压力控制
41	PIC1202	压力控制器	0.6 MPa	闪蒸塔压力控制
42	PIC1203	压力控制器	80 kPa	酸气压力控制
43	PIC1204	压力控制器	80 kPa	酸气压力控制
44	PT1207	压力显示仪表	4.67 MPa	湿净化气压力
45	PT1208	压力显示仪表	0.09 Pa	再生塔中段压力
46	PT1209	压力显示仪表	0.08 Pa	再生塔塔顶压力
47	PDT1201	压差显示仪表	<25 kPa	吸收塔差压
48	PDT1204	压差显示仪表	<80 kPa	富液预过滤器差压
49	PDT1205	压差显示仪表	<80 kPa	活性炭过滤器压差
50	PDT1206	压差显示仪表	<80 kPa	富液后过滤器差压
51	PDT1207	压差显示仪表	<80 kPa	再生塔差压
52	LT1101	液位显示仪表	<50.0%	原料气重力分离罐液位
53	LIC1201	液位控制器	50.0%	吸收塔控制液位
54	LIC1203	液位控制器	50.0%	闪蒸塔控制液位
55	LIC1204	液位控制器	50.0%	凝结水分离器控制液位

续 表

序 号	位 号	名 称	正常值	说 明
56	LIC1205	液位控制器	40.0%	酸水分离器控制液位
57	LT1206	液位显示仪表	<50.0%	湿净化分离器液位
58	LT1207	液位显示仪表	50.0%	再生塔液位
59	TE1101	温度显示仪表	15℃	原料气温度
60	TE1201	温度显示仪表	90℃	MDEA再生塔塔顶温度
61	TE1202	温度显示仪表	40.6℃	MDEA吸收塔塔顶温度
62	TE1203	温度显示仪表	60℃	脱硫塔出口液相温度
63	TE1204	温度显示仪表	124.2℃	进板式换热器A/B贫液温度
64	TE1205	温度显示仪表	55℃	出板式换热器A/B贫液温度
65	TE1206	温度显示仪表	40℃	出贫液后冷器贫液温度
66	TE1207	温度显示仪表	45℃	出贫液后冷器循环水温度
67	TE1208	温度显示仪表	47℃	进板式换热器A/B富液温度
68	TE1209	温度显示仪表	91.8℃	出板式换热器A/B富液温度
69	TE1211	温度显示仪表	121.2℃	进重沸器半贫液温度
70	TE1212	温度显示仪表	126℃	出重沸器半贫液温度
71	TE1213	温度显示仪表	45℃	空冷器出口酸气温度
72	TE1214	温度显示仪表	40℃	酸气后冷器出口酸气温度
73	FIC1101	流量控制器	1 218 325 kg/h	原料气流量
74	FIC1201	流量控制器	25 000 kg/h	贫液循环量
75	FT1202	流量显示仪表	25 000 kg/h	贫液循环量
76	FIC1203	流量显示仪表	2 500 kg/h	进闪蒸罐小股贫液流量
77	FIC1204	流量显示仪表	5 000 kg/h	重沸器蒸汽流量
78	FIC1205	流量显示仪表	2 500 kg/h	酸水回流流量
79	FT1207	流量显示仪表	50 m³/h	闪蒸汽流量
80	FT1208	流量显示仪表	15 000 kg/h	活性炭过滤器富液旁路流量

3. 复杂控制说明

(1)脱硫再生塔温度控制 TIC1201,FIC1204。

脱硫再生塔塔顶温度 TIC1201 与塔底再沸器入口蒸汽流量 FIC1204 组成串级控制。正常情况下,气相出口温度由温度调节器 TIC1002 控制再沸器蒸汽流量控制阀的开度,当气相出口温度过高时,再沸器入口蒸汽流量减少,以降低脱硫再生塔的温度,当气相出口温度过低时,再沸器入口蒸汽流量增加,以提高脱硫再生塔的温度。

(2)酸水分离器液位控制 LIC1205,FIC1205。

酸水分离器液位 LIC1205 与去脱硫再生塔的酸水回流量 FIC1205 组成串级控制。正常情况下酸水回流量调节器控制滑阀开度,当液位过高、酸水回流量增大、当液位过低时,酸水回流量减小,液位控制为主控制,流量控制为副控制。

(3)重点设备的操作。

离心泵的启动:如有入口罐其液位>20%,先开入口阀(如有入口阀),再启动泵,最后开出口阀(或出口调节阀)。

停泵:先关出口阀(或出口调节阀),再关泵,最后关入口阀。

任务二　天然气净化脱硫实训操作

一、冷态开车

1. 检查准备工作

检查确认本装置具备开产条件,阀门处于正确开关位置,点击"检查准备工作结束"确认按钮。

2. 工厂风吹扫

(1)倒开原料气入口总管工厂风吹扫管线盲板 B1104。

(2)打开原料气总管吹扫置换总阀 VB1124,原料气总管工厂风吹扫阀,系统开始进行工厂风吹扫 VG1122。

(3)打开原料气入口总管联锁阀 SVC1101。

(4)打开原料气重力分离器 D1101 底部排污阀 VG1104。

(5)打开污水罐 D1102 底部排污阀 VG1112,吹扫干净后关闭。

(6)打开原料气过滤分离器 F1101 旁通阀 VB1106、原料气流量调节阀 FV1101 旁通阀 FVG1101。

(7)打开吸收塔 C1201 底部排污阀 VG1212,吹扫干净后关闭。

(8)打开湿净化分离器 D1201 底部排污阀 VG1209,吹扫干净后关闭。

(9)打开吸收塔 C1201 富液出口联锁阀 SVC1203、液调阀 LV1201 旁通阀 LVG1201。

(10)打开闪蒸塔 C1203 底部排污阀 VG1217,吹扫干净后关闭。

(11)打开富液机械过滤器 F1201 旁通阀 VB1226,F1202 旁通阀 VG1227,F1203 旁通阀 VB1228。

(12)打开贫富液换热器 E1201 富液进口阀 VB1272、富液出口阀 VB1273。

(13)打开闪蒸塔 C1203 液调阀 LV1203 旁通阀 LVG1203。

(14)打开再生塔 C1202 底部排污阀 VG1233,吹扫干净后关闭。

(15)打开酸气分离器 D1202 底部排污阀 VG1243,吹扫干净后关闭原料气管线上工厂风吹扫阀 VG1122。

(16)关闭 D1202 底部排污阀 VG1243。

(17)打开原料气分离器 D1101 底部排污阀 VG1104,吹扫干净后关闭。

(18)关闭污水罐 D1102 底部排污阀 VG1112、吸收塔 C1201 液位调节阀 LV1201 旁通阀 LVG1201、闪蒸塔 C1203 液位调节阀旁通阀 LVG1203。

(19)点击"工厂风吹扫结束"确认按钮。

3. 氮气置换

(1)倒开原料气总管氮气置换管线盲板 B1103、氮气置换阀,系统进行氮气置换 VG1116。

(2)打开原料气过滤分离器 F1101A 进口阀 VB1105、出口阀门 VB1107、原料气过滤分离器 F1101B 入口阀门 VB1118、出口阀门 VB1119。

(3)关闭原料气过分离滤器 F1101 总旁通阀 VB1106。

(4)打开原料气流量控制阀 FV1101 前切断阀 FVB1101A、后切断阀 FVB1101B。

(5)关闭原料气流量控制阀 FV1101 旁通阀 FVG1101。

(6)打开原料气流量控制阀 FV1101。

(7)打开湿净化气分离器 D1201 出口管线上联锁阀 SVC1201、出口联锁阀后取样阀 VG1287,按湿净化气分离器 D1201 出口"取样"按钮。取样显示合格后(O_2 含量<3%),关闭 D1201 出口管线取样阀 VG1287。

(8)打开污水罐 D1102 顶部放空阀 VG1117、原料气重力分离器 D1101 底部排污阀 VG1104,置换合格后,关闭 VG1104 和 VG1117。

(9)打开 D1101 原料气放空阀 PV1101 前切断阀 PVB1101A、切断阀 PVB1101B、原料气放空联锁阀 SVO1102、原料气放空压力调节阀 PV1101 吹扫放空管线。置换 5 min(仿真按 30 s)后,关闭原料气放空压力调节阀 PV1101。

(10)打开吸收塔 C1201 底部排污阀 VG1212,置换合格后关闭。

(11)打开湿净化气分离器 D1201 底部排污阀 VG1209,置换合格后关闭。

(12)打开 D1201 湿净化气放空压力调节阀 PV1201 前切断阀 PVB1201A、后切断阀 PVB1201B、湿净化气放空联锁阀 SVO1202、放空压力调节阀 PV1201,置换 5 min(仿真按 30 s)后,关闭湿净化气放空压力调节阀 PV1201。

(13)打开吸收塔 C1201 液位调节阀 LV1201 前切断阀 LVB1201A、后切断阀 LVB1201B、液位调节阀 LV1201。

(14)打开闪蒸塔 C1203 顶部闪蒸汽取样阀 VG1286,按闪蒸塔 C1203 顶部"取样"按钮。取样显示合格后(O_2 含量<3%),关闭闪蒸塔 C1203 顶部闪蒸汽取样阀 VG1286。

(15)打开 C1203 底部排污阀 VG1217,置换合格后关闭。

(16)打开闪蒸塔 C1203 液位调节阀 LV1203 前切断阀 LVB1203A、后切断阀 LVB1203B、液位调位阀 LV1203。

(17)打开酸气分离器 D1202 酸气放空调节阀前切断阀 PVB1204A、后切断阀 PVB1204B、放空调节阀 PV1204,置换酸气放空管线,打开 D1202 出口取样阀 VG1251,按 D1202 出口"取样"按钮。取样显示合格后(O_2 含量<3%),关闭 D1202 出口取样阀门 VG1251、酸气放空调节阀 PV1204。

(18)打开再生塔 C1202 底部排污阀 VG1233,置换合格后关闭。

(19)打开贫富液换热器 E1201 贫液进口阀 VB1274、贫液出口阀 VB1275、出口贫液管线上排气阀 VB1271,置换合格后关闭。

(20)打开酸气分离器 D1202 底部排污阀 VG1243,置换合格后关闭。

(21)关闭原料气入口管线氮气置换阀 VG1116、吸收塔 C1201 液位联锁阀 SVC1203、液位调节阀 LV1201。关闭闪蒸塔 C1203 液位调节阀 LV1203。

(22)点击"氮气置换结束"确认按钮。

4. 工业水洗

(1)打开原料气管线上氮气阀 VG1116,对吸收塔 C1201 建压。当 PI1201 达到 0.6 MPa 时,关闭原料气管线上氮气阀 VG1116。

(2)打开闪蒸塔 C1203 顶部氮气阀 VG1276,对闪蒸塔 C1203 氮气建压。当 C1203 出口 PI1202 达到 0.5 MPa 时,关闭 C1203 顶部氮气阀 VG1276。

(3)打开闪蒸汽压力调节阀 PV1202 前切断阀 PVB1202A、后切断阀 PVB1202B。当闪蒸塔压力稳定后,将闪蒸汽压力调节器 PIC1202 投自动,闪蒸汽压力调节器 PIC1202 设定压力为 0.6 MPa。

(4)打开再生塔 C1202 氮气阀 VG1278,对再生塔 C1202 建压。当 C1202 塔顶压力 PI1209 达到 0.08 MPa 时,关闭 C1202 氮气阀 VG1278。

(5)打开再生塔 C1202 工业水阀 VG1270,C1202 进工业水。再生塔 C1202 液位达到 10% 以上时,打开贫富液换热器 E1201 出口贫液管线上排气阀 VB1271 排气,气体排尽后,关闭贫富液换热器 E1201 出口贫液管线上排气阀 VB1271。

(6)打开吸收塔 C1201 的 16 层贫液进口阀 HV1201

(7)打开贫液循环量调节阀 FV1201 前切断阀 FVB1201A、后切断阀 FVB1201B。

(8)打开循环泵 P1201A 进口阀 VG1201,灌泵排气。启动循环泵 P1201A,打开循环泵 P1201A 出口阀 VG1205。

(9)打开贫液流量调节阀 FV1201,调整循环量为 25 000 kg/h 左右,C1201 建液位。当吸收塔 C1201 液位 LI1201 达到 50% 左右时,打开吸收塔富液出口管线上的联锁阀 SVC1203。缓慢打开吸收塔 C1201 液位调节阀 LV1201,控制吸收塔液位 LI1201 在 50% 左右。

(10)打开闪蒸塔 C1203 填料段小股贫液流量调节阀前切断阀 FVB1203A、后切断阀 FVB1203B、流量调节阀 FV1203,调整流量为 2 500 kg/h 左右。

(11)当闪蒸塔 C1203 液位 LI1203 达到 50% 左右时,缓慢打开 C1203 液位调节阀 LV1203。当再生塔 C1202 液位稳定在 50% 左右时,关闭再生塔工业水阀 VG1270。系统进行仪表联校,循环水洗 2~4 h(仿真操作按 3 min)后,关闭贫液流量调节阀 FV1201。

(12)关闭循环泵 P1201A 出口阀 VG1205,停循环泵 P1201A。关闭循环泵 P1201A 进口阀 VG1201。

(13)关闭吸收塔液位联锁阀 SVC1203、液位调节阀 LV1201。关闭闪蒸塔 C1203 液位调节阀 LV1203。关闭小股贫液流量调节阀 FV1203。

(14)打开吸收塔 C1201 底部排污阀 VG1212,排净后关闭。

(15)打开闪蒸塔 C1203 底部排污阀 VG1217,排净后关闭。

(16)打开再生塔 C1202 底部排污阀 VG1233,排净后关闭。

(17)点击"工业水洗结束"确认按钮。

5. 除氧水洗

(1)打开原料气管线上氮气阀 VG1116,对吸收塔 C1201 建压。当 PI1201 达到 0.6 MPa 时,关闭原料气管线上氮气阀 VG1116。

(2)打开闪蒸塔 C1203 顶部氮气阀 VG1276,对闪蒸塔 C1203 氮气建压。当 C1203 出口 PI1202 达到 0.5 MPa 时,关闭 C1203 顶部氮气阀 VG1276。

(3)打开再生塔 C1202 氮气阀 VG1278,对再生塔 C1202 建压。当 C1202 塔顶压力

PI1209 达到 0.08 MPa,时,关闭 C1202 氮气阀 VG1278。

(4)打开再生塔 C1202 除氧水进口阀 VG1277,再生塔进除氧水。当再生塔液位达到 10%以上时,打开贫富液换热器 E1201 出口贫液管线排气阀 VB1271 排气,排气结束后,关闭 E1201 出口贫液管线排气阀 VB1271。

(5)打开循环泵 P1201A 入口阀 VG1201,灌泵排气,启运循环泵 P1201A。打开循环泵 P1201A 出口阀 VG1205。

(6)打开循环量调节阀 FV1201,调整循环量为 25 000 kg/h 左右,吸收塔 C1201 建液。吸收塔 C1201 液位达到 50%左右时,打开吸收塔液位联锁阀 SVC1203。缓慢打开 C1201 液位调节阀 LV1201,保持 C1201 液位在 50%左右。打开小股贫液流量调节阀 FV1203,控制流量为 2 500 kg/h 左右。当闪蒸塔 C1203 液位达到 50%左右时,打开闪蒸塔液位调节阀 LV1203。当再生塔 C1202 液位稳定在 50%以上时,关闭 C1202 除氧水阀门 VG1277。循环水洗 2～4 h(仿真操作按 3 min)后,关闭贫液流量调节阀 FV1201。

(7)关闭循环泵 P1201A 出口阀 VG1205,停运循环泵 P1201A。关闭循环泵 P1201A 进口阀 VG1201。

(8)关闭吸收塔 C1201 液位联锁阀 SVC1203、液位调节阀 LV1201。关闭闪蒸塔 C1203 液位调节阀 LV1203。关闭小股贫液流量调节阀 FV1203。

(9)打开吸收塔 C1201 底部排污阀 VG1212,排净后关闭。

(10)打开闪蒸塔 C1203 底部排污阀 VG1217,排净后关闭。

(11)打开再生塔 C1202 底部排污阀 VG1233 排水,排净后关闭。

(12)点击"除氧水洗结束"确认按钮。

6.试压检漏准备工作

(1)点击"确认燃料气系统投运正常"按钮。点击"确认放空系统投运正常"按钮。

(2)关闭原料气管线上吹扫总阀 VB1124、氮气置换管线盲板 B1103、工厂风吹扫管线盲板 B1104。

(3)倒开原料气进口总阀后盲板 B1101、总阀平衡阀后盲板 B1102、湿净化气至脱水装置盲板 B1201。

(4)没有确认辅助系统投运正常就进行检漏工作。

7.中压系统试压检漏

(1)PIC1202 投手动。

(2)手动关闭 PV1202。

(3)关闭闪蒸汽压力调节阀 PV1202 前切断阀 PVB1202A、后切断阀 PVB1202B。

(4)打开闪蒸塔 C1203 氮气阀 VG1276,对中压系统建压。

(5)当 PI1202 压力达到 0.6 MPa 时,关闭 C1203 氮气阀 VG1276。

(6)用检漏剂进行检漏,合格后点击"中压系统试压检漏合格"按钮。

(7)中压系统试压合格后,打开闪蒸汽压力调节阀 PV1202 前切断阀 PVB1202A。

(8)打开闪蒸汽压力调节阀 PV1202 后切断阀 PVB1202B。

(9)当闪蒸塔压力稳定后,将闪蒸汽压力调节器 PIC1202 投自动。

(10)闪蒸汽压力调节器 PIC1202 设定压力为 0.6 MPa。

(11)闪蒸塔充压在 0.6 MPa 左右。

8. 低压系统试压检漏

(1)打开再生塔 C1202 氮气阀 VG1278,对低压系统建压。当 PI1209 达到 0.08 MPa 时,关闭 C1202 氮气阀 VG1278。

(2)用检漏剂对低压系统所有拆卸过的设备、管线、法兰等进行检漏,若发现漏点立即整改,直至合格为止,合格后点击"低压系统试压检漏合格"按钮。

(3)低压系统试压合格后,将酸气分离器放空压力调节器 PIC1204 投自动。设定值设定为 80 kPa。

(4)控制 C1202 塔顶压力 PI1209 在 0.08 MPa 左右。

9. 高压系统试压检漏

(1)缓慢打开原料气入口阀的平衡阀 VG1115,对高压系统进行升压,升压速率控制在 0.3 MPa/min 以下。

(2)当 PI1201 压力达到 1.0 MPa 时,关闭平衡阀 VG1115,进行第一次检漏。

(3)用检漏剂对高压系统所有拆卸过的设备、管线、法兰等进行检漏,若发现漏点立即整改,直至合格为止,合格后点击"高压系统试压检漏合格"上方"第 1 次"按钮。

(4)打开原料气入口阀的平衡阀 VG1115,继续对高压系统升压。当 PI1201 压力达到 2.5 MPa时,关闭平衡阀 VG1115,进行第二次检漏。

(5)用检漏剂对高压系统所有拆卸过的设备、管线、法兰等进行检漏,若发现漏点立即整改,直至合格为止,合格后点击"高压系统试压检漏合格"上方"第 2 次"按钮。

(6)第二次检漏合格后,继续打开平衡阀 VG1115 升压,当 PI1201 压力达到 4 MPa 时,关闭平衡阀 VG1115,进行第三次检漏。

(7)用检漏剂对高压系统所有拆卸过的设备、管线、法兰等进行检漏,若发现漏点立即整改,直至合格为止,合格后点击"高压系统试压检漏合格"上方"第 3 次"按钮。

(8)第三次检漏合格后,再次打开平衡阀 VG1115 升压,当 PI1201 压力达到 4.8 MPa 时,关闭平衡阀 VG1115,进行最后一次检漏。

(9)用检漏剂对高压系统所有拆卸过的设备、管线、法兰等进行检漏,若发现漏点立即整改,直至合格为止,合格后点击"高压系统试压检漏合格"上方"第 4 次"按钮。

10. 冷循环

(1)打开 MDEA 储罐 D1203A 上的呼吸阀 VG1250、出口阀 VB1248。

(2)打开储罐 D1203A 至循环泵的入口阀 VG1203,灌泵排气。启动循环泵 P1201A。打开循环泵 P1201A 出口阀 VG1205。打开循环泵流量调节阀 FV1201,调整循环量为 25 000 kg/h 左右,对吸收塔 C1201 建液。

(3)当吸收塔 C1201 液位 LI1201 达到 50%时,打开吸收塔富液出口管线上的联锁阀 SVC1203。缓慢打开吸收塔液位调节阀 LV1201,控制吸收塔液位 LI1201 在 50%左右。打开小股贫液流量调节阀 FV1203,调整流量为 2 500 kg/h 左右。

(4)打开富液机械过滤器 F1201 进口阀 VB1218、出口阀 VB1219。

(5)关闭富液机械过滤器 F1201 旁通阀 VB1226。

(6)打开富液机械后过滤器 F1203 进口阀 VB1224、出口阀 VB1225、旁通阀 VB1228。

(7)当闪蒸塔 C1203 液位达到 50%时,缓慢打开闪蒸塔液位调节阀 LV1203,并保持 C1203 液位在 50%左右。

(8)当再生塔 C1202 液位达到 10% 以上时,打开贫富液换热器 E1201 贫液出口阀后排气阀 VB1271 排气。气体排尽后,关闭 E1201 贫液出口阀后排气阀 VB1271。

(9)当再生塔 C1202 液位达到 50% 左右时,关闭贫液流量调节阀 FV1201。

(10)关闭循环泵 P1201A 出口阀 VG1205。停循环泵 P1201A。关闭 MDEA 储罐 D1203A 至泵 P1201A 的阀 VG1203。

(11)关闭吸收塔液位联锁阀 SVC1203。关闭吸收塔 C1201 液位调节阀 LV1201、液位调节阀 LV1203。关闭小股贫液流量调节阀 FV1203。

(12)关闭溶液储罐 D1203A 出口阀 VB1248、呼吸阀 VG1250。

(13)打开循环泵 P1201A 进口阀 VG1201,灌泵排气。启运循环泵 P1201A。缓慢打开循环泵 P1201A 出口阀 VG1205。缓慢打开循环泵流量调节阀 FV1201,调整循环量至 25 000 kg/h 左右。将 FIC1201 调节器投入自动,设定为 25 000 kg/h。

(14)打开吸收塔富液出口管线上的联锁阀 SVC1203。

(15)缓慢打开吸收塔液位调节阀 LV1201、闪蒸塔液位调节阀 LV1203。

(16)打开小股贫液流量调节阀 FV1203,调整流量为 2 500 kg/h 左右。将 FIC1203 调节器投入自动,设定值为 2 500 kg/h。

(17)当吸收塔液位达到 50% 左右时,将液位调节器 LIC1201 投自动,设定值设定为 50%。

(18)当闪蒸塔液位达到 50% 左右时,将闪蒸塔液位调节器 LIC1203 投自动,系统冷循环,仪表联校。

(19)将闪蒸塔液位调节器 LIC1203 设定值设定为 50%。

(20)点击"冷循环结束"确认按钮。

11. 热循环

(1)打开贫液换热器 E1202 循环冷却水进口阀 VB1235、出口阀 VB1234。

(2)打开酸气后冷器 E1205 冷却水进口阀 VB1238、出口阀 VB1237。

(3)打开重沸器加热蒸汽入口管线甩头阀 VB1279,排冷凝水。排净后关闭。

(4)打开重沸器蒸汽流量调节阀前切断阀 FVB1204A、后切断阀 FVB1204B。

(5)打开凝结水罐 D1205 液位调节阀 LV1204 的前切断阀 LVB1204A、后切断阀 LVB1204B。

(6)逐步打开蒸汽流量调节阀 FV1204 至 50% 左右,给再生塔升温,按 15～30℃/h 对再生塔 C1202 进行升温(仿真按 15～30℃/min)。

(7)当再生塔 C1202 塔顶温度 TI1201 大于 40℃ 时,启运空冷器 E1204。当凝结水罐液位 LI1204 大于 5% 时,慢慢打开 LV1204。

(8)将 LIC1204 调节器投自动,设定值设定为 50%。

(9)打开酸水回流调节阀前切断阀 FVB1205A、后切断阀 FVB1205B。

(10)当酸水分离器 D1202 液位 LI1205 达到 40% 左右时,打开酸水回流泵 P1202A 入口阀 VG1282,灌泵排气。启动酸水回流泵 P1202A。打开酸水回流泵 P1202A 出口阀 VG1283。打开酸水分离器液位调节阀 FV1205。将 LIC1205 调节器投自动。液位控制在 40%。将酸水回流量调节器 FIC1205 投串级。

(11)再生塔顶部温度升到 98℃ 时,将再生塔温度调节器 TIC1201 投自动,设定值设定为 98℃。将重沸器 E1203 的蒸汽流量调节器 FIC1204 投串级。

(12)关闭原料气过滤分离器 F1101B 进口阀 VB1118。

(13)打开 MDEA 活性炭过滤器 F1202 进口阀 VB1220、出口阀 VB1222。将 MDEA 活性炭过滤器 F1202 旁通阀 VG1227 缓慢关小(至 70%)。

(14)点击"热循环结束"确认按钮,等待进气生产。

12. 进气生产

(1)湿净化气放空压力调节器 PIC1201 投自动,设定值设定为 4.7 MPa。

(2)缓慢打开原料气入口阀 VG1101,控制原料气流量在 3.72×10^6 m³/天左右。当湿净化气中 H_2S 含量 AT1201 显示小于 20 mg/m³ 合格后,缓慢打开至脱水装置阀门 VG1207。同时手动慢慢关闭湿净化气放空调节阀 PV1201,直到关完。

(3)将湿净化气放空压力调节器 PIC1201 投自动,设定值为 4.8 MPa。

(4)将原料气放空调节器 PIC1101 投自动,设定值设定为 5.0 MPa。

(5)待放空酸气流量 FI1206 达到硫磺回收所需最低流量后,联系回收单元,打开 PV1203。打开去回收单元截止阀 VB1242。同时手动慢慢关闭酸气放空调节阀 PV1204,直到关完。

(6)将酸气放空调节器 PIC1204 投自动,设定值设定为 100 kPa。

(7)将酸气压力调节器 PIC1203 投自动,设定值设定为 80 kPa。

(8)关闭 SVO1102,关闭 SVO1202。

(9)联锁系统投入自动(注意需要点击两个"投入联锁"按钮)。

(10)脱硫装置正常开车结束,点击"进气生产,开车完成"确认按钮。

二、停车操作

1. 停气

(1)解除联锁。缓慢关闭原料气进口阀 VG1101。当净化气流量 FT1101 降为零时关闭湿净化气出口阀 VG1207。打开污液罐 D1102 顶部放空阀 VG1117。

(2)打开原料气重力分离器排污阀门 VG1104,将污液从 D1101 排到 D1102。液位排至 5% 时,关闭 D1101 排污阀 VG1104。关闭污液罐 D1102 顶部放空阀 VG1117。

(3)打开污液罐排污管线阀门 VG1112,将 D1102 内污液排去污水处理。

(4)打开污液罐氮气入口阀门 VG1123,给 D1102 充压。

(5)排尽后,关闭 D1102 氮气阀 VG1123。

(6)关闭 D1102 排污阀 VG1112。

(7)点击"停气结束"确认按钮。

2. 热循环

(1)适当提高贫液流量调节器 FIC1201 设定值,增大溶液循环量。

(2)当酸气量低于硫磺回收装置处理量下限值时,关闭酸气到硫磺回收装置切断阀 VB1242。

(3)通过酸气放空压力调节器 PIC1204,控制酸气分离器 D1202 压力为 80 kPa。

(4)循环 2~4 h(仿真按 3 min),打开闪蒸塔 C1203 出口富液取样阀 VG1285。按闪蒸塔出口富液"取样"按钮。取样显示富液 H_2S 含量合格后(小于 0.2 g/L),关闭闪蒸塔 C1203 出口富液取样阀 VG1285。

(5)关闭再生重沸器 E1203 蒸汽流量调节阀 FV1204。

(6)关闭凝结水分离器 D1205 液位调节阀 LV1204。

（7）关闭蒸汽流量调节阀 FV1204 前切断阀 FVB1204A、后切断阀 FVB1204B。

（8）关闭凝结水分离器液位调节阀 LV1204 前切断阀 LVB1204A、后切断阀 LVB1204B。

（9）打开凝结水分离器排污甩头阀门 VG1281，排空 D1205。

（10）排净 D1205 内凝结水后关闭 D1205 排污阀 VG1281。

（11）点击"热循环结束"确认按钮。

3. 冷循环

（1）系统继续循环，当再生塔 C1202 底部温度 TI1204 降至 55℃ 左右时，关闭贫液流量调节阀 FV1201。

（2）关闭循环泵 P1201A 出口阀 VG1205。停运循环泵 P1201A。关闭循环泵 P1201A 入口阀 VG1201。

（3）当 C1201 液位接近 20％ 时，关闭吸收塔 C1201 液位联锁阀 SVC1203。手动关闭 C1201 液位调节阀 LV1201。

（4）当闪蒸塔 C1203 液位接近 20％ 时，手动关闭闪蒸塔 C1203 液位调节阀 LV1203。

（5）关闭小股贫液流量调节阀 FV1203。控制酸气分离器 D1202 液位为 0，关闭酸水液位调节阀 FV1205。

（6）关闭酸水回流泵 P1202A 出口阀 VG1283。停运酸水回流泵 P1202A。关闭酸水回流泵 P1202A 入口阀 VG1282。

（7）关闭酸水液位调节阀 LV1205 前切断阀 FVB1205A、后切断阀 FVB1205B。停运酸气空冷器 E1204。

（8）点击"冷循环结束"确认按钮。

4. 回收溶液

（1）打开 MDEA 储罐 D1203A 呼吸阀 VG1250。

（2）打开 MDEA 储罐至循环泵 P1201 管线阀门 VB1248。

（3）打开循环泵 P1201A 入口阀 VG1201。

（4）打开储罐至循环泵入口阀 VG1203，将再生塔内溶液沿贫液管线逆流压入溶液储罐 D1203A。当贫液系统 C1202 溶液回收至 10％ 以下时，关闭 MDEA 储罐至循环泵入口阀 VG1203。

（5）关闭循环泵 P1201A 入口阀 VG1201。D1203A 储罐至循环泵出口阀 VB1248。

（6）打开溶液回收总管至 MDEA 配制罐 D1204 阀门 VB1244。

（7）打开吸收塔 C1201 底部溶液回收阀 VG1211，将 C1201 内溶液回收至 D1204，回收干净后关闭。

（8）打开闪蒸塔 C1203 底部溶液回收阀 VG1216，回收干净后关闭。

（9）打开再生塔 C1202 底部溶液回收阀 VG1232，回收干净后关闭。

（10）打开溶液机械过滤器 F1201 底部溶液回收阀 VG1254，回收干净后关闭。

（11）打开溶液活性炭过滤器 F1202 底部溶液回收阀 VG1255，回收干净后关闭。

（12）打开溶液机械过滤器 F1203 底部溶液回收阀 VG1256，回收干净后关闭。

（13）打开湿净化气分离器 D1201 底部溶液回收阀 VG1208，回收干净后关闭。

（14）当溶液配置罐 D1204 液位 LI1222＞0％ 时，启动泵 P1203。打开泵 P1203 出口阀 VG1245。

（15）打开 P1203 至 MDEA 储罐 D1203A 阀门 VB1247,将溶液打至 MDEA 溶液储罐。

（16）当 D1204 溶液打完后,关闭泵 P1203 出口阀 VG1245。停泵 P1203。关闭 P1203 至 MDEA 储罐 D1203A 阀门 VB1247。

（17）关闭 MDEA 储罐 D1203A 呼吸阀 VG1250。

（18）点击"回收溶液结束"确认按钮。

5.除氧水洗

（1）打开 C1202 氮气阀 VG1278,对 C1202 建压。当 C1202 压力 PI1209 达到 0.08 MPa 时,关闭 C1202 氮气阀 VG1278。

（2）打开再生塔 C1202 除氧水进口阀 VG1277,再生塔进除氧水。当再生塔液位达到 10% 以上时,打开贫富液换热器 E1201 出口贫液管线排气阀 VB1271 排气。排气结束后,关闭 E1201 出口贫液管线排气阀 VB1271。

（3）打开循环泵 P1201A 入口阀 VG1201,灌泵排气。启运循环泵 P1201A。打开循环泵 P1201A 出口阀 VG1205。

（4）待 P1201 压力稳定后,打开循环量调节阀 FV1201,控制流量在 25 000 kg/h 左右,吸收塔 C1201 建液。吸收塔 C1201 液位达到 50% 左右时,打开吸收塔液位联锁阀 SVC1203。缓慢打开 C1201 液位调节阀 LV1201,保持 C1201 液位在 50% 左右。

（5）打开小股贫液流量调节阀 FV1203,控制流量为 2 500 kg/h 左右。

（6）打开机械过滤器 F1201 旁通阀 VB1226。关闭机械过滤器 F1201 进口阀 VB1218、出口阀 VB1219。

（7）全开活性炭过滤器 F1202 的旁通阀 VG1227。关闭活性炭过滤器 F1202 进口阀 VB1220、出口阀 VB1222。

（8）打开机械过滤器 F1203 旁通阀 VB1228。关闭机械过滤器 F1203 进口阀 VB1224、出口阀 VB1225。

（9）当闪蒸塔 C1203 液位达到 50% 左右时,打开闪蒸塔液位调节阀 LV1203。

（10）当再生塔 C1202 液位稳定在 50% 以上时,关闭 C1202 除氧水阀门 VG1277。

（11）系统循环水洗 2～4 h(仿真按 3 min),关闭贫液流量调节阀 FV1201。关闭循环泵 P1201A 出口阀 VG1205。停运循环泵 P1201A。关闭循环泵 P1201A 入口阀 VG1201。

（12）当 C1201 液位接近 20% 时,关闭吸收塔 C1201 液位联锁阀 SVC1203。

（13）关闭吸收塔 C1201 液位调节阀 LV1201。

（14）当 C1203 液位接近 20% 时,关闭闪蒸塔 C1203 液位调节阀 LV1203。关闭小股贫液流量调节阀 FV1203。

（15）打开 MDEA 稀溶液储罐 D1203B 呼吸阀 VG1264、出口阀 VB1241。

（16）打开循环泵 P1201A 入口阀 VG1201。

（17）打开稀溶液储罐 D1203B 至循环泵 P1201A 入口阀 VG1203,将再生塔内溶液沿贫液管线逆流压入稀溶液储罐 D1203B。

（18）当贫液系统 C1202 稀溶液回收至 10% 以下时,关闭 D1203B 储罐至循环泵入口阀 VG1203。关闭循环泵 P1201A 入口阀 VG1201。

（19）关闭 D1203B 储罐至循环泵入口阀 VB1241。

（20）打开吸收塔 C1201 底部溶液回收阀 VG1211,将吸收塔内稀溶液回收至 D1204,回收干净后关闭。

(21)打开闪蒸塔 C1203 底部溶液回收阀 VG1216,回收干净后关闭。

(22)打开再生塔 C1202 底部溶液回收阀 VG1232,回收干净后关闭。

(23)当溶液配置罐有液位时,启动泵 P1203。打开泵出口阀 VG1245。打开 P1203 至 MDEA 储罐 D1203B 的阀门 VB1236。

(24)当 D1204 溶液打完后,关闭泵 P1203 出口阀 VG1245。停运泵 P1203。关闭 P1203 至 MDEA 储罐 D1203B 阀门 VB1236。

(25)关闭 D1203B 顶部呼吸阀 VG1264。关闭溶液回收总管至 MDEA 配制罐 D1204 阀门 VB1244。

(26)点击"除氧水洗结束"确认按钮。

6. 工业水洗

(1)打开 C1202 氮气阀 VG1278,对 C1202 建压。当 C1202 压力 PI1209 达到 0.08 MPa 时,关闭 C1202 氮气阀 VG1278。

(2)打开再生塔 C1202 工业水进口阀 VG1270,再生塔进工业水。当再生塔液位达到 10% 以上时,打开贫富液换热器 E1201 出口贫液管线排气阀 VB1271 排气。

(3)排气结束后,关闭 E1201 出口贫液管线排气阀 VB1271。打开循环泵 P1201A 入口阀 VG1201,灌泵排气。启运循环泵 P1201A。打开循环泵 P1201A 出口阀 VG1205。

(4)打开循环量调节阀 FV1201,调整流量在 25 000 kg/h 左右,吸收塔 C1201 建液。

(5)吸收塔 C1201 液位达到 50% 左右时,打开吸收塔液位联锁阀 SVC1203。

(6)缓慢打开 C1201 液位调节阀 LV1201,保持 C1201 液位在 50% 左右。

(7)打开小股贫液流量调节阀 FV1203,控制流量为 2 500 kg/h 左右。

(8)当闪蒸塔 C1203 液位达到 50% 左右时,打开闪蒸塔液位调节阀 LV1203。

(9)当再生塔 C1202 液位稳定在 50% 以上时,关闭 C1202 工业水阀 VG1270。

(10)系统循环水洗 2~4 h(仿真按 3 min),关闭贫液流量调节阀 FV1201。

(11)关闭循环泵 P1201A 出口阀 VG1205。停运循环泵 P1201A。关闭循环泵 P1201A 入口阀 VG1201。

(12)关闭吸收塔 C1201 液位联锁阀 SVC1203、液位调节阀 LV1201 和 LV1203。

(13)关闭小股贫液流量调节阀 FV1203。

(14)打开吸收塔 C1201 底部排污阀 VG1212,排净后关闭。

(15)打开闪蒸塔 C1203 底部排污阀 VG1217,排净后关闭。

(16)打开再生塔 C1202 底部排污阀 VG1233,排净后关闭。

(17)点击"工业水洗结束"确认按钮。

7. 泄压

(1)打开原料气总管放空联锁阀 SVO1102。

(2)打开原料气放空调节阀 PV1101,对高压系统进行泄压。当 PI1201 压力为零后,关闭原料气放空调节阀 PV1101。

(3)关闭闪蒸塔 C1203 压力调节阀前切断阀 PVB1202A、后切断阀 PVB1202B。

(4)打开 C1203 安全阀旁通阀 VG1229,对中压系统进行泄压。当 PI1202 压力为零后,关闭 C1203 安全阀旁通阀 VG1229。

（5）打开酸气分离器 D1202 酸气放空调节阀 PV1204，对低压系统进行泄压。当 PI1203 压力为零后，关闭酸气放空调节阀 PV1204。

（6）点击"泄压结束"确认按钮。

8. 氮气置换

（1）倒开原料气总管氮气置换盲板 B1103。

（2）打开原料气总管吹扫置换管线总阀 VB1124。

（3）打开原料气总管氮气置换阀门 VG1116，系统氮气置换。

（4）打开湿净化气放空联锁阀 SVO1202。

（5）打开湿净化气放空调节阀 PV1201。

（6）打开湿净化气分离器 D1201 出口管线取样阀 VG1287。

（7）按湿净化气分离器 D1201 出口"取样"按钮。

（8）取样显示合格后（CH_4 含量＜3％，H_2S 含量＜10 mg/m³），关闭 D1201 出口管线取样阀 VG1287。

（9）关闭湿净化气放空联锁阀 SVO1202、调节阀 PV1201。

（10）关闭湿净化气放空调节阀 PV1201 前切断阀 PVB1201A、后切断阀 PVB1201B。

（11）打开原料气放空调节阀 PV1101。置换 5 min 后（仿真按 30 s），关闭原料气放空调节阀 PV1101。关闭原料气放空阀联锁阀 SVO1102。

（12）关闭原料气放空调节阀 PV1101 前切断阀 PVB1101A、后切断阀 PVB1101B。

（13）打开原料气分离器 D1101 底部排污阀 VG1104。打开 D1102 顶部放空阀 VG1117。置换合格后，关闭原料气分离器 D1101 底部排污阀 VG1104。

（14）打开原料气过滤器 F1101A 底部排污阀 VG1103。置换合格后，关闭原料气过滤器 F1101A 底部排污阀 VG1103。

（15）打开原料气过滤器 F1101B 底部排污阀 VG1120。置换合格后，关闭原料气过滤器 F1101B 底部排污阀 VG1120。

（16）关闭 D1102 顶部放空阀 VG1117。

（17）打开吸收塔 C1201 底部排污阀 VG1212。置换合格后，关闭吸收塔 C1201 底部排污阀 VG1212。

（18）打开湿净化气分离器 D1201 底部排污阀 VG1209。置换合格后，关闭湿净化气分离器 D1201 底部排污阀 VG1209。

（19）打开吸收塔 C1201 液位联锁阀 SVC1203。

（20）打开 C1201 液位调节阀 LV1201。打开 C1203 液位调节阀 LV1203。

（21）打开酸气分离器 D1202 顶部酸气放空压力调节阀 PV1204。打开 D1202 出口放空管线取样阀 VG1251。按 D1202 出口"取样"按钮。取样显示合格后（CH_4 含量＜3％，H_2S 含量＜10 mg/m³），关闭 D1202 出口放空管线取样阀 VG1251。

（22）关闭酸气放空调节阀 PV1204 前切断阀 PVB1204A、后切断阀 PVB1204B。关闭 D1202 酸气放空压力调节器 PV1204。

（23）打开 C1203 闪蒸汽取样阀 VG1286。按 C1203 气相出口"取样"按钮。取样显示合格后（CH_4 含量＜3％，H_2S 含量＜10 mg/m³），关闭 C1203 闪蒸汽取样阀。

（24）打开闪蒸塔 C1203 底部排污阀 VG1217。置换合格后关闭。

(25)打开再生塔 C1202 底部排污阀 VG1233。置换合格后关闭。

(26)打开酸气分离器 D1202 底部排污阀 VG1243。置换合格后关闭。

(27)关闭原料气入口管线氮气阀 VG1116。关闭吸收塔 C1201 液位联锁阀 SVC1203。

(28)关闭 C1201 液位调节阀 LV1201 和 LV1203。

(29)点击"氮气置换结束"确认按钮。

9. 工厂风吹扫

(1)倒闭原料气入口总管盲板 B1101、阀平衡阀管线盲板 B1102、湿净化气出口管线至脱水装置盲板 B1201。

(2)倒开原料气管线工厂风吹扫管线盲板 B1104、过滤器 F1101 旁通阀 VB1106。

(3)关闭原料气过滤器 F1101A 进口阀 VB1105。

(4)关闭原料气过滤器 F1101A 出口阀 VB1107。

(5)关闭原料气过滤器 F1101B 出口阀 VB1119。

(6)打开工厂风吹扫阀 VG1122,进行工厂风吹扫。

(7)打开湿净化气分离器 D1201 出口取样甩头阀 VG1287。按湿净化气分离器 D1201 出口"取样"按钮。取样合格后(O_2 含量$>20\%$,H_2S 含量$<10\ mg/m^3$),关闭 D1201 出(8)口取样甩头阀 VG1287。

(8)打开原料气分离器 D1101 底部排污阀 VG1104。

(9)打开 D1102 底部排污阀 VG1112。吹扫合格后,关闭原料气分离器 D1101 底部排污阀 VG1104。

(10)关闭 D1102 底部排污阀 VG1112。

(11)打开吸收塔 C1201 底部排污阀 VG1212。吹扫合格后,关闭吸收塔 C1201 底部排污阀 VG1212。

(12)打开湿净化气分离器 D1201 底部排污阀 VG1209。吹扫合格后,关闭湿净化气分离器 D1201 底部排污阀 VG1209。

(13)打开吸收塔 C1201 液位联锁阀 SVC1203。

(14)打开 C1201 液位调节阀 LV1201。

(15)打开 C1203 液位调节阀 LV1203。

(16)打开 D1202 出口管线取样阀 VG1251。

(17)按 D1202 出口"取样"按钮。取样显示合格后(O_2 含量$>20\%$,H_2S 含量$<10\ mg/m^3$),关闭 D1202 出口管线取样阀 VG1251。打开 C1203 闪蒸汽出口取样阀 VG1286。按 C1203 闪蒸汽出口"取样"按钮。取样显示合格后(O_2 含量$>20\%$,H_2S 含量$<10\ mg/m^3$),关闭 C1203 闪蒸汽出口取样阀 VG1286。

(18)打开闪蒸塔 C1203 底部排污阀 VG1217。吹扫合格后关闭。

(19)打开再生塔 C1202 底部排污阀 VG1233。吹扫合格后关闭。

(20)打开酸气分离器 D1202 底部排污阀 VG1243。吹扫合格后关闭。

(21)关闭工厂风吹扫阀门 VG1122。

(22)关闭原料气入口管线吹扫置换总阀 VB1124。

(23)关闭吸收塔 C1201 液位联锁阀 SVC1203。

(24)关闭吸收塔 C1201 液位调节阀 LV1201。

(25)关闭闪蒸塔 C1203 液位调节阀 LV1203。

(26)关闭溶液后冷器 E1202 冷却水入口阀门 VB1235、出口阀门 VB1234。

(27)关闭原料气压力安全阀前切断阀 VB1113、后切断阀 VB1114。

(28)关闭闪蒸汽压力安全阀前阀 VB1262、后阀 VB1263。

(29)点击"工厂风吹扫结束"确认按钮。

(30)点击"停产结束"确认按钮。

四、思考题

1.天然气脱硫的目的是什么?

2.天然气脱硫的方法有哪些?

3.如何理解脱硫的化学原理?

项目八 天然气净化硫磺回收仿真操作

任务一 天然气净化硫磺回收操作概述

一、实训目的

对炼油过程中产生的含有硫化氢的酸性气,采用适当的工艺方法回收硫磺,实现清洁生产,达到化害为利,变废为宝,降低污染,保护环境的目的,同时还能满足产品质量要求,降低腐蚀,实现装置长周期安全生产等诸多方面要求。另外,由于硫磺产品应用日益扩大和硫磺市场价格的快速提升,硫磺回收装置不仅仅是环保装置,也是产生巨大经济效益的生产装置。

二、实训原理

1.酸气系统

来自脱硫装置的酸性原料气进入酸气分离器 D-1401(Ⅰ),将夹带的水分离。当分离器中液位较高时,酸水将以手动方式被排至压送罐 D-1404(Ⅰ)。通过向酸水压送罐充氮气增压,酸水被排放至酸水排放系统。

2.热力段

主风机 K-1401(Ⅰ)A 或 B 向主燃烧器 H-1401(Ⅰ)提供了燃烧空气,同时还向其他燃烧器、SuperClaus 段以及液硫脱气系统供风。进入燃烧器的空气足够实现入炉酸气中所有碳氢化合物的完全燃烧。同时,经过三级常规克劳斯反应,第三级反应器出口处的 H_2S 浓度达到 0.7%(V)。

进入主燃烧器的空气由先进燃烧器控制系统(ABC)控制。此系统由两部分构成:前馈部分和反馈部分。

所需的空气量由酸气流量乘以所需的空气/酸气比率计算得出,并由位于第三级反应器出口的 H_2S 在线分析仪反馈控制修正。总空气需求量作为流量控制系统的给定信号,流量控制系统先调节支路空气控制阀,随后调节主路空气控制阀,确保操作控制精度。

为了使火焰保持稳定,燃烧温度必须高于 925℃。由于酸气浓度的变化,当燃烧温度低于 925℃时,为了升高温度,装置可在分流法模式下运行,一部分酸气从支路绕过主燃烧器和燃烧室直接进入一级再热炉混合室,以保证进炉燃烧空气与酸气的完全燃烧。

在主燃烧室中,未燃烧的 H_2S 和 SO_2 反应生成气相硫,过程气通过废热锅炉 E-1404(Ⅰ)内的管束,移走在主燃烧器和燃烧室内产生的热量,气体被冷却,硫蒸气被冷凝,液态硫从气体中分离出来,饱和低压蒸气作为副产品产生。

锅炉给水在液位调节阀控制下送入废热锅炉的壳程。

3. Claus 催化段

来自废热锅炉的过程气以及支路酸气在一级再热炉混合室 H-1404(Ⅰ)中被加热,达到催化转化的最佳温度后进入一级克劳斯反应器 R-1401(Ⅰ)。热量由 H-1403(Ⅰ)通过燃料气与空气进行次化学当量燃烧获得的。

进入一级再热炉的燃料气流量,由位于反应器进口处的温度控制器进行调节,空气流量由空气/燃料气的比值来决定。

一级反应器中装填催化剂 CR-3S 和 CRS-31,H_2S 和 SO_2 在催化剂作用下发生反应直到达到平衡,高温和水解催化剂 CRS-31 有助于获得良好的 COS 和 CS_2 转化。

一级反应器的出口过程气在第一级硫磺冷凝冷却器 E-1402(Ⅰ)内被冷却。气体在冷凝器内冷却并形成液态硫,同时也会产生低压蒸气。

从 E-1402(Ⅰ)出来的过程气随后进入二级再热炉混合室 H-1406(Ⅰ),经过二级再热炉 H-1405(Ⅰ)加热,进入二级 Claus 反应器 R-1402(Ⅰ)转化,R-1402(Ⅰ)进口温度低于上一级反应器的入口温度,这有助于将 H_2S 和 SO_2 转化成硫。随后过程气在二级硫磺冷凝冷却器 E-1403(Ⅰ)中冷却。

R-1402(Ⅰ)中装填催化剂 AMS 和 CR-3S,AMS 作为克劳斯催化剂和除氧剂以保护 CR-3S,防止来自再热炉的过剩氧使其硫酸盐化。

然后,过程气在三级再热炉混合室 H-1408(Ⅰ)被加热之后,进入在三级 Claus 反应器 R-1403(Ⅰ)内再次转化,三级反应器进口温度低于二级反应器入口温度,这将进一步推动 H_2S 和 SO_2 向生成硫的方向转化。

R-1403(Ⅰ)中装填催化剂 AMS 和 CR-3S,同 R-1402(Ⅰ)。

二级再热炉和三级再热炉的加热方式和控制原理同一级再热炉。硫冷凝器副产低压蒸气。

4. 超级克劳斯段

过程气在四级再热炉的混合室 H-1410(Ⅰ)内被加热,过程气和夹套预热的空气在静态混合室 X-1401(Ⅰ)内混合后进入超级克劳斯反应器 R-1404(Ⅰ),H_2S 选择性氧化生成气态硫。

R-1404(Ⅰ)装有特殊的选择性氧化催化剂,必须通入过量空气来保持反应器中的氧化条件防止催化剂硫化。氧化空气由前馈控制回路控制。

离开 R-1404(Ⅰ)的过程气进入超克硫磺冷凝器 E-1404(Ⅰ)。为了尽可能多地冷凝硫蒸气,E-1404(Ⅰ)在工作时保持较低的温度。蒸气在空冷器 E-1405(Ⅰ)中被冷凝。蒸汽压力由风机变频调速器控制。0.102 MPa(g)的压力对应的是 120℃的蒸气温度,稍微高于硫的凝固温度。控制系统将确保 E-1404(Ⅰ)在高于硫磺凝固温度的条件下运行。

最后,过程气经过装有破沫网的尾气捕集器 D-1403(Ⅰ),将其中的微量液态硫从气体中分离出来,尾气送入灼烧炉焚烧后排入大气。

如发生故障,超级克劳斯段可旁路操作,来自三级反应器的过程气直接进入 E-1404(Ⅰ),装置按常规克劳斯工艺运行。

废热锅炉和各级硫冷凝器的液硫通过液硫封 D-1402(Ⅰ)/A,B,C,D 和 E 被排放到液硫池 PT-1401(Ⅰ)。除雾丝网安装在所有硫磺冷凝冷却器的过程气出口处,以便回收过程气夹带的雾状液态硫。

5. 液硫脱气

硫磺回收装置产生的液硫含有大约 300 ppm(重量)的 H_2S,液硫脱气过程将使 H_2S 的含量降低到低于 10 ppm(重量),这个过程发生在液硫池 PT-1401(Ⅰ)的汽提段。

鼓泡器 X-1403(Ⅰ)/AB 位于汽提段内。它们完全相同并有一个矩形截面,其顶部和底部为敞开式,并在底部安装有空气分布喷射器。

脱气用空气由主风机提供,空气的作用是促使鼓泡器内及其周围液硫强制循环,将溶解在液硫中硫化氢分离并将大部分 H_2S 氧化成硫。此外,将 H_2S 从液硫中除去会有助于将多硫化物分解成溶解的 H_2S 和硫。通过脱气,可使液硫中的 H_2S 含量低于 10 ppm(质量)。

汽提段内液硫的液位可由分离室与下游储存室之间的溢流堰来控制而不变。脱气后的液硫由液硫输送泵 P-1401(Ⅰ)/A 和 B 从储存室送至硫磺成型装置。液硫池储存室能储存 7 天的液硫产量。当液硫池低液位时,泵将自动停止工作。

液硫池安装有蒸汽盘管 E-1406(Ⅰ)以维持液硫的温度。

另外,在储存段顶盖上的空气进口加入吹扫空气。这部分的空气和液硫释放的 H_2S,由蒸汽喷射器 X-1402(Ⅰ)/A 和 B 抽送至尾气灼烧炉。

6. 灼烧炉

超级克劳斯尾气和液硫池废气均含有残余的 H_2S 和其他硫的化合物,它们都不能直接被排放到大气中去,通过燃料气在灼烧炉 H-1411 中燃烧获得高温烟气,将 H_2S 和硫的化合物在灼烧炉燃烧室 H-1412 中加热转化成 SO_2。

灼烧炉的温度控制器将调整流量控制器的设定值,以控制燃料气的流量。燃料气的燃烧空气由灼烧炉风机 K-1402A/B 提供。

空气供给分为两个阶段:

A. 供给燃料气进行次化学当量燃烧的一次空气;

B. 供过程气(氧化)燃烧以及未完全燃烧的燃料气中组分燃烧的二次空气。

一次空气量由燃料气流量比率控制。最后所得到的一次空气量为燃料气进行次化学当量燃烧所需数量的 80%。这样可减少燃烧炉中 NO_x 的生成。

二次空气的流率同样由燃料气流量进行控制。灼烧炉的烟气有一个氧气分析仪,其信号加在燃料气流量信号上。这个组合信号即是二次空气流量控制器的设定值。控制氧气在灼烧炉尾气中过量 1%~2%(V),以保证烟气中 H_2S 含量低于 10 ppm(V)。

离开灼烧炉的烟气在进入通往烟囱的烟道前,通过与急冷空气混合被冷却,急冷空气来自大气。混合后的温度由急冷空气调节阀实现自动控制。

三、实训器材

1. 主要设备(见表3-5)

表3-5 设备列表

序 号	位 号	名 称	说 明
1	D-1401 I	酸气分离器	1400#
2	D-1404 I	酸水压送罐	1400#
3	H-1401 I	主燃烧器	1400#
4	H-1402 I	主燃烧室	1400#
5	E-1401 I	废热锅炉	1400#
6	D-1402 I /A,B,C,D	液硫封	1400#
7	H-1403 I	一级再热炉	1400#
8	H-1404 I	一级再热炉混合室	1400#
9	R-1401 I	一级克劳斯反应器	1400#
10	E-1402 I	一级硫磺冷凝冷却器	1400#
11	H-1405 I	二级再热炉	1400#
12	H-1406 I	二级再热炉混合室	1400#
13	R-1402 II	二级克劳斯反应器	1400#
14	E-1403 II	二级硫磺冷凝冷却器	1400#
15	H-1407 I	三级再热炉	1400#
16	H-1408 I	三级再热炉混合室	1400#
17	R-1403 I	三级克劳斯反应器	1400#
18	H-1409 I	四级再热炉	1400#
19	H-1410 I	四级再热炉混合室	1400#
20	R-1404 I	超级克劳斯反应器	1400#
21	E-1404 I	超级克劳斯硫磺冷凝器	1400#
22	E-1405 I	空冷器	1400#
23	D-1403 I	尾气捕集器	1400#
24	P-1401 I A/B	液硫输送泵	1400#
25	H-1411	灼烧炉	1400#
26	H-1412	灼烧炉燃烧室	1400#
27	K-1402A/B	灼烧炉风机	1400#

2. 仪表(见表3-6)

表3-6 仪表列表

序 号	位 号	名 称	正常值	说 明
1	PT14002A	压力显示仪表	60 kPa	主风机出口压力
2	PT14151	压力显示仪表	0.06 MPa	空气管线压力
3	PT14101	压力显示仪表	0.068 MPa	酸气压力
4	PT14201	压力显示仪表	0.039 MPa	系统回压

续 表

序 号	位 号	名 称	正常值	说 明
5	PT14211	压力显示仪表	0.45 MPa	废热锅炉产生蒸汽压力
6	PT14401	压力显示仪表	0.06 MPa	氧化空气压力
7	PT14411	压力显示仪表	0.102 MPa	超克冷凝器压力
8	PT1403A/B	压力显示仪表	0.022 MPa	鼓风机出口压力
9	PDT14233	压力显示仪表	0.15 MPa	主燃烧炉炉头差压
10	LT1401	液位显示仪表	5%	酸气分液罐液位
11	LT14210/212	液位显示仪表	80%	废热锅炉液位
12	LT14252	液位显示仪表	80%	一二级冷凝器液位
13	LT14411	液位显示仪表	50%	超克冷凝器液位
14	LT14501	液位显示仪表	50%	液硫池液位
15	FT14001A/B	流量显示仪表	2 692 kg/h	主风机进口风量
16	FT14101	流量显示仪表	2 419 kg/h	酸气总流量
17	FT14105	流量显示仪表	605 kg/h	酸气支路流量
18	FT14151	流量显示仪表	1 945 kg/h	主路空气流量
19	FT14153	流量显示仪表	158 kg/h	支路空气流量
20	FT14251	流量显示仪表	149 kg/h	进一级再热炉空气流量
21	FT14253	流量显示仪表	9.2 kg/h	进一级炉燃料气流量
22	FT14303	流量显示仪表	76 kg/h	进二级再热炉空气流量
23	FT14303	流量显示仪表	4.7 kg/h	进二级炉燃料气流量
24	FT14351	流量显示仪表	77 kg/h	进三级再热炉空气流量
25	FT14353	流量显示仪表	4.7 kg/h	进三级炉燃料气流量
26	FT14401	流量显示仪表	50 kg/h	进四级再热炉空气流量
27	FT14403	流量显示仪表	3.1 kg/h	进四级炉燃料气流量
28	FT14404	流量显示仪表	185 kg/h	氧化空气流量
29	FT14211	流量显示仪表	2 153 kg/h	废热锅炉产生蒸汽流量
30	FT14601	流量显示仪表	2 618 kg/h	进灼烧炉一次风流量
31	FT14604	流量显示仪表	1 819 kg/h	进灼烧炉二次风流量
32	FT14605	流量显示仪表	192 kg/h	进灼烧炉燃料气流量
33	TE14104	温度显示仪表	40℃	酸气分液罐出口温度
34	TE14151	温度显示仪表	100℃	主风机出口空气温度
35	TE14201	温度显示仪表	1 037℃	主燃烧炉炉膛温度

续 表

序 号	位 号	名 称	正常值	说 明
36	TE14241	温度显示仪表	164℃	废锅出口过程气温度
37	TE14251	温度显示仪表	220℃	一级反应器入口温度
38	TE14253	温度显示仪表	325℃	一级反应器出口温度
39	TE14254	温度显示仪表	174℃	一级冷凝器出口温度
40	TE14301	温度显示仪表	205℃	二级反应器入口温度
41	TE - 14303	温度显示仪表	222℃	二级反应器出口温度
42	TE - 14304	温度显示仪表	162℃	二级冷凝器出口温度
43	TE - 14351	温度显示仪表	195℃	三级反应器入口温度
44	TE - 14353	温度显示仪表	196℃	三级反应器出口温度
45	TE - 14401	温度显示仪表	201℃	四级反应器入口温度
46	TE - 14404	温度显示仪表	130℃	氧化空气温度
47	TE - 14412	温度显示仪表	126℃	超克冷凝器出口温度
48	TE - 14414	温度显示仪表	120℃	超冷出口蒸汽温度
49	TE - 14415	温度显示仪表	256℃	四级反应器出口温度
50	TE - 14601	温度显示仪表	760℃	灼烧炉炉膛温度
51	TE - 14603	温度显示仪表	550℃	进入烟囱的烟气温度

3. 复杂控制说明

(1)主燃烧炉的酸气、燃料气和空气量的控制:ABC控制。

ABC控制中的主燃烧炉的酸气、燃料气和理论所需空气量的比值控制;在线炉进炉燃料气流量与空气流量的比值控制等,以上均属于双闭环比值控制系统。

进主燃烧炉空气总量FY - 14155过少,酸气H_2S不能完全转化为SO_2,导致进SUPERCLAUS反应器的过程气中H_2S含量将过高;进主燃烧炉空气总量FY - 14155过多,酸气H_2S转化为SO_2的量过多,导致进SUPERCLAUS反应器的过程气中H_2S含量将过低,SO_2含量过高;都将导致硫回收率下降,SO_2的排放量的增加。

进主燃烧炉酸气过高,不能保证燃烧室内有足够高的燃烧温度(高于925℃),从而影响H_2S生成SO_2的化学反应;进主燃烧炉酸气过低,酸气中未燃烧的碳氢化合物可能导致催化剂上积碳,这将大幅度地降低催化剂的寿命。

采用两个控制器来控制进主燃烧炉的燃烧空气流量,可以确保在整个SUPERCLAUS装置的操作范围内的控制精度和控制能力。通过调节支路空气调节阀FV - 14155来控制进气燃烧器的空气总量。同时,通过调节主空气调节阀XV - 14151来控制支路空气调节阀。以这种方式,负荷的变化首先由支路空气调节阀的快速响应来补偿,随后由主空气调节阀较慢的响应来补偿。

进主燃烧炉酸气流量的控制是通过控制进主燃烧炉酸气管线上的调节阀FV - 14101和

旁路阀 FV-14105 来实现的。少部分原料酸气从旁路绕过主燃烧器和燃烧室,以保证进炉燃烧空气与酸气的完全燃烧。

调节阀 FV-14101 的控制:脱硫装置胺液再生单元中酸气压力作为 FC-14101 的设定值,总酸气 FY-14101A 作为 FC-14101 的测量值,从而实现对进主燃烧炉酸气流量的控制。

调节阀 FV-14105 的控制:总酸气 FY-14101A 乘以比值系数 HC-14105(0~0.45)作为 FC-14105 的设定值,旁路酸气 FY-14105B(由流量 FT-14105 通过压力、温度补偿后得到)作为 FC-14105 的测量值,从而实现对旁路流量的控制。

(2)SUPERCLAUS 反应器温度控制:复杂控制。

反应器入口温度 TT-14401;反应器床层温差。

反应器入口温度 TT-14401 过低,H_2S 未反应,导致 H_2S 转化率过低;入口温度过高,形成 SO_2,导致转化成硫的催化选择性过低,将引发硫转化成 SO_2 的联锁反应。

反应器床层温度分布影响硫回收率和 SO_2 排放量,当反应器上部床层的温度增量为反应器总温度增量的 70% 时,反应器内的催化剂性能最佳,硫回收率最大。

(3)灼烧炉控制:复杂控制。

焚烧炉以消耗最低的燃料气量,最大限度地将硫磺回收装置尾气中的 H_2S 和其他硫化物转化为 SO_2;同时提供次化学当量和超化学当量空气量,以最大限度地降低烟气中的 NO_x 含量;以保证焚烧炉排出的废气中,H_2S 和 NO_x 的含量最低。

温度 TT-14601A;次化学当量空气量 FT-14601;超化学当量空气量 FT-14604;氧含量 AC-14603。

温度 TT-14601A 过高或过低,将导致 H_2S 不完全化学反应,增加废气中 H_2S 的含量。

次化学当量空气量 FT-14601 过低,导致焚烧炉不完全燃烧而熄火;过高,导致 NO_x 的排量增加。

超化学当量空气量 FT-14604 过低,燃料气不能完全燃烧以及尾气中的硫化物不能完全转化。

氧含量 AC-14603 过低,将引起 H_2S 的不完全氧化,导致 H_2S 排放量增加。

(4)重点设备的操作。

主燃烧炉的点火:启动风机,确保提供给主燃烧炉空气;打开空气支路调节阀的前后切断阀;打开进主燃烧炉的燃料气的切断阀;打开进主燃烧炉的氮气的切断阀;打开进主燃烧炉的降温蒸汽的切断阀;输入空燃比因子;给定空气、氮气和燃料气的预设阀位;点击复位按钮;点击点火按钮。

四、思考题

1.天然气脱硫的目的是什么?
2.天然气脱硫的工艺原理是什么?
3.天然气脱硫需要注意的问题有哪些?

任务二　天然气净化硫磺回收实训操作

一、冷态开车

1.检查准备工作

检查确认本装置具备开产条件,阀门处于正确开关位置,按"开车检查合格"按钮。

2.空气吹扫

(1)全开风机 K1401A 出口放空阀 FV14001A。

(2)启动风机 K1401A。

(3)缓慢关小风机 K1401A 出口放空阀(开到 23% 左右)。

(4)当风机压力稳定在 60 kPa 时,将风机出口放空调节器 PIC14002A 投自动。设定值为 60 kPa。

(5)缓慢打开风机出口阀 V14102。按下一级反应器 R1401 的"R1401 膨胀节"按钮。按 "开工吹扫"按钮,程序自动打开联锁阀 YV14151。

(6)逐渐打开主路空气调节阀 XV14151 旁通阀 V1402,对主燃烧炉 H1401、废热锅炉 E1401、一级再热炉 H1404、一级转化器 R1401 进行空气吹扫。

(7)吹扫合格后(延时 15 s),缓慢关闭主路空气调节阀 XV14151 旁通阀 V1402。

(8)再次按下"R1401 膨胀节"按钮对 R1401 膨胀节复位。按下"R1402 膨胀节"按钮。

(9)打开主路空气调节阀 XV14151 旁通阀 V1402,对二级冷凝器 E1402、二级再热炉 H1406、二级转化器 R1402 进行空气吹扫。

(10)吹扫合格后(延时 15 s)缓慢关闭主路空气调节阀 XV14151 旁通阀 V1402。

(11)再次按下"R1402 膨胀节"按钮对 R1402 膨胀节复位。按下"R1403 膨胀节"按钮。

(12)打开空气主路旁通阀 V1402,对三级冷凝器 E1403、三级再热炉 H1408、三级转化器 R1403 进行空气吹扫。

(13)吹扫合格后(延时 15 s)缓慢关闭主路空气调节阀 XV14151 旁通阀 V1402。

(14)再次按下"R1403 膨胀节"按钮对 R1403 膨胀节复位。

(15)打开超级再热炉入口过程气联锁阀 YV14407。按下"R1404 膨胀节"按钮。

(16)打开主路空气调节阀 XV14151 旁通阀 V1402,对四级再热炉 H1410、四级转化器 R1404 进行空气吹扫。

(17)吹扫合格后(延时 15 s)缓慢关闭主路空气调节阀 XV14151 旁通阀 V1402。再次按 下"R1404 膨胀节"按钮对 R1404 膨胀节复位。

(18)关闭超级再热炉过程气正线联锁阀 YV14407、旁路联锁阀 YV14408。

(19)打开尾气蝶阀 V14710。

(20)打开主路空气调节阀 XV14151 旁通阀 V1402,对四级冷凝器 E1404、捕集器、H1412 进行吹扫。

(21)吹扫合格后(延时 15 s)缓慢关闭主路空气调节阀 XV14151 旁通阀 V1402。

(22)按"空气吹扫结束"按钮。

3.系统试压

(1)关闭尾气蝶阀。打开主路空气旁通阀。

(2)当主炉炉头回压 PT14203 压力显示在 60 kPa 时,关闭主路空气旁通阀。按下"停止 开工吹扫"按钮,关闭空气吹扫联锁阀 YV14151 停止吹扫程序。关闭风机出口阀。

(3)停运主风机 K1401A。

(4)风机出口放空调节器 PIC14002A 投手动,全开放空阀 FV14001。

(5)打开主炉吹扫氮气切断阀 VD1411、联锁阀 YV14208。

(6)打开主炉吹扫氮气流量调节阀 FV14204,对系统进行建压。当主炉炉头回压

PT14203 显示达到 0.1 VMPa 时,关闭主炉吹扫氮气流量调节阀 FV14204。关闭主炉氮气吹扫联锁阀 YV14208。用检漏剂对所有拆卸过的设备、管线、法兰等进行检漏,检漏合格后按"系统检漏合格"确认按钮。

(7)打开尾气蝶阀泄压 V14710。按"系统试压结束"确认按钮。

4.废锅及冷凝器试压

(1)打开废热锅炉 E1401 顶部放空阀 V14301、给水旁通阀上水 V1409。

(2)当废热锅炉 E1401 顶部放空阀有水溢出时,缓慢减小给水旁通阀 V1409 的开度。

(3)关闭顶部放空阀 V14301。

(4)当废热锅炉顶部压力 PI14211 升至 0.56 MPa 时,关闭 E1401 上水旁通阀 V1409,使压力升到 0.6 MPa,对废热锅炉进行试压检漏。按"废锅试压合格"按钮。

(5)打开废热锅炉底部排污阀排水 V14303。

(6)打开 E1401 顶部放空阀 V14301。

(7)水排净后关闭 E1401 底部排污阀 V14303。

(8)打开冷凝器 E1402 顶部放空阀 V14401、给水旁通阀上水 V1412。

(9)当冷凝器 E1402 顶部放空阀有水溢出时,缓慢减小给水旁通阀 V1412。

(10)关闭顶部放空阀 V14401。

(11)当冷凝器顶部压力升至 0.56 MPa 时,关闭 E1402 上水旁通阀 V1412,使压力升到 0.6 MPa,对冷凝器进行试压检漏。按"一级冷凝器试压合格"按钮。

(12)打开冷凝器 E1402 底部排污阀 V14402。

(13)打开 E1402 顶部放空阀 V14401。

(14)水排净后关闭 E1402 底部排污阀 V14402。

(15)打开冷凝器 E1404 顶部放空阀 V14704。

(16)打开冷凝器 E1404 给水阀 V14709 上水。

(17)当冷凝器 E1404 顶部放空阀有水溢出时,缓慢减小给水阀 V14709 的开度。

(18)关闭顶部放空阀 V14704。

(19)当 E1404 顶部压力升至 0.56 MPa 时,关闭 E1404 上水旁通阀 V14709,使压力升到 0.6 MPa,对超级冷凝器试压检查。按"超级冷凝器试压合格"按钮。

(20)打开 E1404 底部排污阀 V14705、顶部放空阀 V14704。

(21)水排净后关闭 E1404 底部排污阀 V14705。

(22)按"废锅及冷凝器试压结束"按钮。

5.系统保温

(1)液硫封及硫磺池灌注硫磺,按"液硫封灌注硫磺"按钮。

(2)排尽液硫夹套管线内积水对液硫管线保温,按"液硫管线保温"按钮。

(3)排尽过程气、尾气管线保温伴热管内积水,过程气、尾气管线保温。按"过程气、尾气管线保温"按钮。

(4)打开液硫池保温蒸汽凝结水总阀 V14803。

(5)打开液硫池保温蒸汽阀给液硫池保温 V14802。

(6)按"系统保温结束"按钮。

6. 保温暖锅

(1)打开废热锅炉 E1401 上水调节阀 LV14212 前切断阀 VD1418、后切断阀 VD1417。

(2)打开 E1401 上水调节阀 LV14212 上水。当 E1401 液位 LT14212 达到 50%时,先关闭控制器 FIC14212,再将 E1401 上水控制器 LIC14212 投入自动。设定值设定为 50%。

(3)缓慢打开 E1401 暖锅蒸汽进口阀 V14302。

(4)当放空阀有大量蒸汽冒出后(仿真 10 s 后),关闭 E1401 放空阀 V14301。

(5)打开 E1401 蒸汽出口压力调节阀 PV14211 前切断阀 VD1415、后切断阀 VD1416。当 PIC14211 压力达到 0.45 MPa 左右时,将蒸汽压调节阀 PIC14211 投入自动。设定值设定为 0.45 MPa。

(6)打开一级冷凝器 E1402 上水调节阀 LV14252 前切断阀 VD1423、后切断阀 VD1424。

(7)打开 E1402 上水调节阀 LV14252 上水。

(8)当 E1402 液位 LIC14252 达到 50%时,先关闭控制器 LIC14252,再将 E1402 上水控制器 FIC14252 投入自动。设定值设定为 50%。

(9)打开 E1402 暖锅蒸汽进口阀 V14403。

(10)当 E1402 顶部放空阀有大量蒸汽冒出后(仿真 10 s 后),关闭 E1401 放空阀 V14401。

(11)当 E1402 压力达到 0.45 MPa 时,打开 E1402 顶部蒸汽出口阀 V14406。打开冷凝器 E1404 上水阀 V14709。

(12)当 E1404 液位 LT14411 达到 50%时,关闭 E1404 上水阀 V14709。打开 E1404 暖锅蒸汽进口阀 V14706。

(13)当放空阀有大量蒸汽冒出后(仿真 10 s 后),关闭 E1404 放空阀 V14704。

(14)启运空冷器 E1405 风机。将 E1404 压力控制器 PIC14411 投入自动。设定值设定为 0.4 MPa。

(15)启动风机 K1401A。缓慢关小 K1401A 出口放空阀 PV14002A。

(16)当风机压力稳定在 60 kPa 时,将风机出口放空调节器 PIC14002A 投入自动。设定值设定为 60 kPa。

(17)缓慢打开风机出口阀 V14102。启动"开工吹扫"按钮,打开联锁阀 YV14151。

(18)打开主路空气调节阀 XV14151 旁通阀,向系统鼓入大量热空气,吹扫30～60 min(仿真操作 3 min 以上)。

(19)按下"开工吹扫"停止按钮,关闭联锁阀 YV14151。

(20)按"保温暖锅结束"按钮。

7. 尾气灼烧炉点火升温

(1)全开 K1402A 出口放空阀 PV14003A。

(2)启动风机 K1402A。缓慢关小 K1402A 出口放空阀 PV14003A,当风机压力稳定在 22 kPa时,将风机出口放空调节器 PIC14003A 投入自动。设定值设定为 22 kPa。

(3)缓慢打开风机出口阀 V14901。

(4)打开灼烧炉 H1412 一次配风切断阀 VD1445、二次配风切断阀 VD1443。

(5)打开灼烧炉 H1412 燃料气切断阀 VD1447、吹扫氮气切断阀 VD14903。

(6)将燃料气与空气的比值调节器 HC14603 设为 0.8,HC14604 比值设为 1.2。

(7)按 H1412"复位"按钮。

(8)按"点火"按钮进行点火,点火成功后,对燃料气流量控制器 FIC14605、一次配风空气流量控制器 FIC14601 和二次配风空气流量控制器 FIC14604 进行调节,控制升温为 15～20℃/h。

(9)当灼烧炉 H1412 温度 TE14601A 达到 250℃时,打开烟道冷却空气切断阀 VD1449。

(10)灼烧炉烟道温度接近 500℃时,缓慢打开烟道温度控制器 TIC14603。

(11)烟道温度稳定在 550℃左右时,将灼烧炉烟道温度调节阀 TV14603 的控制器 TIC14603 投入自动。

(12)将灼烧炉烟道温度调节阀 TV14603 的控制器 TIC14603 设定值设定为 550℃。

(13)将灼烧炉温度调节器 TIC14601A 投入自动。设定值设定为 760℃。将灼烧炉燃料气流量调节器 FIC14605 投入串级。

(14)按"尾气灼烧炉点火"按钮。

8.主燃烧炉点火升温

(1)关闭主路空气调节阀 XV14151 旁通阀 V1402。

(2)打开支路空气调节阀 FV14155 前切断阀 VD1401、后切断阀 VD1402。

(3)打开主路空气调节阀 XV14151 前切断阀 VD1403、后切断阀 VD1404。

(4)打开主炉燃料气切断阀 VD1409、降温蒸汽管线检查阀排积水 V14305。

(5)积水排尽后关闭主炉降温蒸汽管线检查阀 V14305。

(6)打开主炉降温蒸汽切断阀 VD1414。

(7)按"打开主炉保护气"按钮,打开主炉火焰监测仪、点火枪、观察孔、温度计等氮气、空气保护气。将 E1401 上水调节阀调节器 LIC14212 设定值由 50%提高到 80%。按主燃烧炉"复位"按钮,对系统进行复位。

(8)将主炉燃料气与空气的比值调节器 HC14201 设为 0.95。

(9)按主燃烧炉 H1401"点火"按钮点火。

(10)点火成功跟踪解除后,将燃料气流量调节器 FIC14203 切换到手动。

(11)关闭 E1401 暖锅蒸汽阀 V14302,TE14201 升到 300℃以时应以 50℃/h 速率升温到 1 000℃。

(12)当温度 TE14201 达到 300℃以上时(使用降温蒸汽时应严格控制蒸汽与燃料气的比值为 4∶1),打开降温蒸汽联锁阀 YV14207。

(13)打开 FV14201 降温蒸汽降温。

(14)主燃烧炉温度升到 1 000℃后,按"主燃烧炉点火"按钮。

9.一级再热炉点火升温

(1)打开一级再热炉 H1404 的燃料气切断阀 VD1421。

(2)打开一级再热炉 H1404 空气切断阀 VD1419。

(3)按"打开一级再热炉保护气"按钮,打开一级再热炉 H1404 火焰监测仪、点火枪、观察孔等氮气、空气保护气。

(4)按一级再热炉 H1404"复位"按钮。

(5)预设 H1404 燃料气流量调节阀 FV14253 阀位在 10%～50%。

(6)预设 H1404 空气流量调节阀 FV14251 阀位在 30%～60%。

(7)将 H1404 燃料气与空气的比值调节器 HC14251 设为 0.95。

(8)按 H1404"点火"按钮点火。

(9)点火成功跟踪解除后,应将燃料气流量调节器 FC14253 切换到手动状态。

(10)关闭 E1402 暖锅蒸汽阀 V14403,调整一级再热炉燃料气和空气流量,以 15~20℃/h 对一级反应器升温到 220℃左右(仿真操作以 15~20℃/min 进行升温)。

(11)将一级再热炉出口温度 TC14251 投入自动。设定值设定为 220℃。

(12)当一级转化器 TE14252 各点温度趋于稳定时,将燃料气流量调节器 FC14253 投入串级。按"一级再热炉点火"按钮。

10. 二级再热炉点火升温

(1)打开二级再热炉 H1406 燃料切断阀 VD1427、空气切断阀 VD1425。

(2)按"打开二级再热炉保护气"按钮,打开二级再热炉 H1406 火焰监测仪、点火枪、观察孔等氮气、空气保护气。

(3)按二级再热炉 H1406"复位"按钮。

(4)预设 H1406 燃料气流量调节阀 FV14303 阀位在 10%~50%。

(5)预设 H1406 空气流量调节阀 FV14301 阀位在 30%~60%。

(6)将 H1406 燃料气与空气的比值调节器 HC14301 设为 0.95。

(7)按 H1406"点火"按钮点火。

(8)点火成功跟踪解除后,应将燃料气流量调节器 FC14303 切换到手动状态,调整二级再热炉燃料气和空气流量,以 15~20℃/h 对二级反应器升温到 205℃左右(仿真操作以 15~20℃/min 进行升温)。

(9)将二级再热炉出口温度 TC14301 投入自动。设定值设定为 205℃。

(10)当二级转化器 TE14302 各点温度趋于稳定时,将燃料气流量调节器 FC14303 投入串级。

(11)按"二级再热炉点火"按钮。

11. 三级再热炉点火升温

(1)打开三级再热炉 H1408 燃料切断阀 VD1431、空气切断阀 VD1429。

(2)按"打开三级再热炉保护气"按钮,打开三级再热炉 H1408 火焰监测仪、点火枪、观察孔等氮气、空气保护气。

(3)按 H1408 三级再热炉"复位"按钮。

(4)预设 H1408 燃料气流量调节阀 FV14353 阀位在 10%~50%。

(5)预设 H1408 空气流量调节阀 FV14351 阀位在 30%~60%。

(6)将 H1408 燃料气与空气的比值调节器 HC14251 设为 0.95。

(7)按 H1408"点火"按钮点火。

(8)点火成功跟踪解除后,应将燃料气流量调节器 FC14353 切换到手动状态,调整三级再热炉燃料气和空气流量,以 15~20℃/h 对三级反应器升温到 195℃左右(仿真操作以 15~20℃/min 进行升温)。

(9)将三级再热炉出口温度 TC14351 投入自动。设定值设定 195℃。

(10)当三级转化器 TE14352 各点温度趋于稳定时,将燃料气流量调节器 FC14353 投入串级。按"三级再热炉点火"按钮。

12. 超级再热炉点火升温

(1)打开选择性氧化空气夹套管线蒸汽入口阀 V14701、蒸汽凝结水阀 V14702。

(2)打开超级再热炉预热空气阀 V14703,H1410 通入空气预热。

(3)打开选择性氧化空气切断阀 VD1433。

(4)缓慢打开选择性氧化空气调节阀 FV14404 至最大,通入大量热空气给 R1404 床层催化剂升温,使 TE14402 温度上升到 70℃以上。

(5)打开超级再热炉 H1410 燃料切断阀 VD1437、空气切断阀 VD1435。

(6)按 H1410 超级再热炉"复位"按钮。

(7)预设 H1410 燃料气流量调节阀 FV14403 阀位在 10%~50%。

(8)预设 H1410 空气流量调节阀 FV14401 阀位在 30%~60%。

(9)将 H1410 燃料气与空气的比值调节器 HC14401 设为 1.05。

(10)按 H1410"点火"按钮点火。

(11)跟踪解除后,应将燃料气流量调节器 FC14403 切换到手动状态。

(12)关闭超级克劳斯冷凝器 E1404 暖锅蒸汽阀 V14706,调整超级再热炉燃料气和空气流量,以 15~20℃/h 对超级反应器升温到 210℃左右(仿真操作以 15~20℃/min 进行升温)。

(13)当超级再热炉反应器温度稳定时,将超级再热炉出口温度 TC14401 投入自动。设定值设为 210℃。

(14)将燃料气流量调节器 FC14403 投入串级。按"超级再热炉点火"按钮。

13. 进酸气准备

(1)确认所有保温管线保温正常,按"所有保温管线保温正常"按钮。

(2)联系脱硫单元准备进气,取样分析酸气组成,按"酸气组成达到进气条件"确认按钮。

(3)确认主燃烧炉温度达到进气条件,按"主燃烧炉温度 TE14201 达到 1 000℃左右"确认按钮。

(4)确认灼烧炉温度达到进气条件,按"灼烧炉温度 TE14201 达到 750℃左右"确认按钮。

(5)确认一级反应器各点温度均达到进气条件,按"一级反应器各点温度均达到 220℃左右"确认按钮。

(6)确认二级反应器各点温度均达到进气条件,按"二级反应器各点温度均达到 205℃左右"确认按钮。

(7)确认三级反应器各点温度均达到进气条件,按"三级反应器各点温度均达到 195℃左右"确认按钮。

(8)确认超级反应器各点温度均达到进气条件,按"超级反应器各点温度均达到 210℃左右"确认按钮。

(9)打开液硫池蒸汽引射器进口阀 VD14801、出口阀 VD14802,启动蒸汽引射器。

(10)打开鼓泡器空气入口阀 V14801。

(11)打开一级液硫封入口阀 V14304。

(12)打开二级液硫封入口阀 V14404。

(13)打开三级液硫封入口阀 V14504。

(14)打开超级液硫封入口阀 V14707。

(15)打开尾气捕集器液硫封入口阀 V14708。

(16)打开主路酸气调节阀 FV14101 前切断阀 VD1405、后切断阀 VD1406。

(17)打开支路酸气调节阀 FV14105 前切断阀 VD1407、后切断阀 VD1408。

(18)打开脱硫酸气进酸气分离器 D1401 界区阀 V1426。

(19)根据酸气浓度设空气与酸气的比值调节器 HC14101 值(约为 1.1)。预设进炉酸气主路调节阀 FV14101 阀位在 30%(FT14101>400 kg)。将支路酸气比值调节器比值 HC14105 设定为 0。

(20)按"进气准备结束"按钮。

14. 进气生产

(1)启动酸气入炉按钮,酸气联锁阀 YV14106 自动打开,酸气进入主炉生产。

(2)关闭降温蒸汽联锁阀 YV14207、调节阀 FV14201。

(3)调整主路酸气调节阀 FV14101 开度,逐渐增加酸气处理量至 2 400 kg/h 以上。

(4)缓慢关闭主炉燃料气流量调节阀 FV14203,降低燃料气流量。

(5)调整 HC14101 比值,或手动调整配风,控制 H_2S-2SO_2 值为 $-0.6\%\sim0$,将尾气在线分析仪 AC14351A 投入自动。设定 H_2S-2SO_2 值为 -0.5%。

(6)根据主燃烧炉 TE14201 温度显示值,设定支路酸气比值调节器 HC14105 比值(0.25 左右),以调整支路酸气流量 FT14105。

(7)将主路酸气流量控制器 FC14101 投自动。

(8)将主路酸气流量控制器的设定值定位 2 418 kg/h 左右。

(9)将支路酸气流量控制器 FC14105 投串级。

(10)一级反应器入口温度为 210~230℃。二级反应器入口温度为 195~215℃。三级反应器入口温度为 185~205℃。超级反应器入口温度为 200~220℃。

(11)将尾气在线分析仪 AC14351A 投入手动。

(12)调整空酸比 HC14101 比值,提高 H_2S 含量在 0.7% 左右,点击 AIC14351A/B"选择"切换按钮,按"选择超级克劳斯操作启动"按钮,超克投入运行。

(13)将 AC14351B 投入自动。设定值设定为 0.7%。

(14)将超克选择性氧化空气 HC14405 比值设为 0.5。

(15)将选择性氧化调节器 FC14404 投入串级。

(16)关闭超级燃烧炉预热空气阀 V14703。

(17)将 E1404 出口过程气温度调节器 TIC14412 投自动。设定值设定为 126℃。

(18)将 PIC14411 投入串级。

(19)按"检查液硫封液硫"按钮,逐个检查液硫封 D1402,确认硫磺流动畅通。

(20)打开液硫泵 P1401A 出口阀、液硫泵 P1401B 的出口阀。将液硫泵选择为自动方式。当 R1404 床层温度 TE14402 达到 170℃ 以上时,改变 HC14101 比值,将三级出口过程气 H_2S 含量提高至 0.7% 左右。

(21)按"开车结束"按钮。

二、停车操作

1. 停车准备

(1)将 AC14351B 选择为手动。

（2）调整空酸比 HC14101 比值，控制 H_2S-2SO_2 含量值为 0% 左右，按"选择常规克劳斯操作启动"按钮。

（3）将 AC14351B 选择为 AC14351A 投自动，设定为 0.0%。

（4）缓慢打开超级再热炉 H1410 的预热空气阀门，手动调节超级再热炉燃料气调节阀和空气调节阀，控制 R1404 入口温度不低于 190℃。

（5）缓慢增大选择性氧化空气流量调节阀至全开。

（6）R1404 入口 TC14401 温度控制在 200～220℃ 之间。

（7）将控制器 PIC14411 投为自动。设为 0.4 MPa。

（8）将 R1401 入口 TC14251 的设定值从 220℃ ↗ 250℃。

（9）将 R1402 入口 TC14301 的设定值从 205℃ ↗ 235℃。

（10）将 R1403 入口 TC14351 的设定值从 195℃ ↗ 225℃。

（11）R1401 入口 TE14251 温度控制在 235～260℃ 之间。

（12）R1402 入口 TE14301 温度控制在 220～240℃ 之间。

（13）R1401 入口 TE14351 温度控制在 210～230℃ 之间。

（14）各反应器入口温度提高 30℃ 后，运行时间：24～48 h（仿真不少于 300 s）。

（15）按"酸气除硫结束"按钮。

2．停酸气

（1）打开主燃烧炉 H1401 降温蒸汽管线排水甩头阀 V14305。

（2）排尽后关闭降温蒸汽排水阀 V14305。

（3）缓慢降低酸气入炉调节阀 FV14101。

（4）当酸气处理量逐渐降低，不能维持主燃烧炉温度（小于 900℃）时，按"启动共同燃烧"按钮。

（5）将空气与燃料气比值调节器 HC14201 设为 0.95（可根据燃料成分调整）。

（6）缓慢打开燃料气流量调节阀 FV14203 调节燃料气量，注意控制燃烧炉温度。

（7）调整主路酸气主调节器 FC14101，当酸气流量小于 400 kg/h 时，将选择开关 AC14351A 转入手动，将 AC14351A 阀位开度控制在 50%。

（8）逐渐关闭酸气流量调节阀 FV14101、调节阀 FV14105。

（9）当酸气流量调节阀 FV14101 和 FV14105 关闭后，关闭 D1401 酸气界区阀 V1426。将空酸比 HC14101 设为 0。

（10）打开降温蒸汽流量调节阀 FV14201，严格控制蒸汽燃料气之比在 4：1 左右。

（11）打开进 D1401 氮气阀 V14204。

（12）打开酸气流量调节阀 FV14101，吹扫入炉酸气管线。

（13）打开酸气流量调节阀 FV14105，吹扫入炉酸气分流管线。

（14）吹扫 10 min 后关闭酸气流量调节阀 FV14101（仿真 20 s）。

（15）关闭酸气流量调节阀 FV14105。

（16）关闭酸气流量调节阀 FV14101 的前截断阀 VD1405、后截断阀 VD1406。

（17）关闭酸气流量调节阀 FV14105 的前截断阀 VD1407、后截断阀 VD1408。

（18）打开酸气分离器 D1401 至酸水压送罐 D1404 阀门 YVD1401。

（19）排尽后关闭 D1401 至 D1404 阀门 YVD1401。

(20)关闭 D1401 氮气阀 V14204,V14202。

(21)打开酸水至脱硫装置切断阀 V14203,将酸水排至脱硫单元。

(22)排尽后关闭 D1404 酸水至脱硫装置切断阀 V14203。

(23)关闭 D1404 氮气阀 V14202。

(24)打开 D1404 排空至火炬阀 V14201。

(25)打开酸气分离器 D1401 至酸水压送罐 D1404 阀门 YVD1401。

(26)压力泄尽后关闭 D1401 至酸水压送罐 D1404 阀门 YVD1401。

(27)关闭 D1404 排空阀 V14201。

(28)按"停止酸气入炉"按钮,系统自动关闭酸气联锁阀 YV14106,主炉维持燃料气运行,系统燃料气除硫。

3.惰性气体除硫

(1)确认主燃烧炉的空燃比 HC14201 在 0.9～0.95 之间,确保次当量燃烧,防止氧过剩。

(2)确认一级再热炉的空燃比 HC14251 在 0.9～0.95 之间,确保次当量燃烧,防止氧过剩。

(3)确认二级再热炉的空燃比 HC14301 在 0.9～0.95 之间,确保次当量燃烧,防止氧过剩。

(4)确认三级再热炉的空燃比 HC14351 在 0.9～0.95 之间,确保次当量燃烧,防止氧过剩。

(5)确认四级再热炉的空燃比 HC14401 在 0.9～0.95 之间,确保次当量燃烧,防止氧过剩。

(6)手动调整主炉燃料气流量,控制主炉温度 900～1 200℃。

(7)调整降温蒸汽流量调节阀 FV14201,控制蒸汽:燃料气在 4:1 左右。

(8)检查 R1401 入口 TC14251 温度设定值在 250℃。

(9)R1401 入口 TE14251 温度控制在 230～280℃之间。

(10)将 R1402 入口 TC14301 温度设定值提高到 250℃。

(11)R1402 入口 TE14301 温度控制在 230～280℃之间。

(12)将 R1403 入口 TC14351 温度设定值提高到 250℃。

(13)R1401 入口 TE14351 温度控制在 230～280℃之间。

(14)调整灼烧炉 H1412 比值调节器 HC14604 比值(大于 1.25),确保灼烧炉空气过量燃烧。

(15)调整灼烧炉燃料气量,控制 TE14601 温度在 550～780℃。

(16)一级反应器惰性气体除硫时间 24 h(仿真时间不低于 2 min),按下确认按钮。

(17)二级反应器惰性气体除硫时间 24 h(仿真时间不低于 2 min),按下确认按钮。

(18)三级反应器惰性气体除硫时间 24 h(仿真时间不低于 2 min),按下确认按钮。

(19)按一级再热炉复位按钮,自动关闭再热炉 H1404 燃料气控制器 FC14253,关闭再热炉 H1404 空气控制器 FC14251,一级再热炉熄火。

(20)关闭一级再热炉燃料气切断阀 VD1421。

(21)关闭一级再热炉空气切断阀 VD1419。

(22)关闭一级再热炉火焰监测仪、点火枪、观察孔保护气。

（23）按二级再热炉复位按钮，自动关闭再热炉 H1406 燃料气控制器 FC14303，关闭再热炉 H1406 空气控制器 FC14301，二级再热炉熄火。

（24）关闭二级再热炉燃料气切断阀 VD1427。

（25）关闭二级再热炉空气切断阀 VD1425。

（26）关闭二级再热炉火焰监测仪、点火枪、观察孔保护气。

（27）按三级再热炉复位按钮，自动关闭再热炉 H1408 燃料气控制器 FC14353，关闭再热炉 H1408 空气控制器 FC14351，三级再热炉熄火。

（28）关闭三级再热炉燃料气切断阀 VD1431。

（29）关闭三级再热炉空气切断阀 VD1429。

（30）关闭三级再热炉火焰监测仪、点火枪、观察孔保护气。

（31）按超级再热炉复位按钮，自动关闭再热炉 H1410 燃料气控制器 FC14403，关闭再热炉 H1410 空气控制器 FC14401，超级再热炉熄火。

（32）关闭超级再热炉燃料气切断阀 VD1437。

（33）关闭超级再热炉空气切断阀 VD1435。

（34）关闭超级再热炉火焰监测仪、点火枪、观察孔保护气。

（35）打开超级冷凝器暖锅蒸汽阀 V14706。

（36）当 R1401 床层温度 TE14252，R1402 床层温度 TE14302，R1403 床层温度 TE14352，R1404 床层温度 TE14402 和 TE14403 降到 200℃时，按"惰性气体除硫结束"。

4.冷却装置

（1）缓慢增加主燃烧炉 HC14201 比值，缓慢手动调整空气主调 XC14151，反应器床层温度超过 230℃，降低 HC14201 比值。

（2）打开 R1403 出口管线上过程气取样阀 V14307。

（3）按"氧含量分析"按钮取样分析过程气氧含量，控制氧含量在 1%左右后。

（4）关闭取样阀 V14307。

（5）当反应器床层温度明显下降时，调整主燃烧炉 HC14201 比值，逐步加大过剩空气量，继续冷却装置。

（6）当液封无硫磺流出时，关闭 D1402A 液硫封夹套球阀 V14304。

（7）当液封无硫磺流出时，关闭 D1402B 液硫封夹套球阀 V14404。

（8）当液封无硫磺流出时，关闭 D1402C 液硫封夹套球阀 V14504。

（9）当液封无硫磺流出时，关闭 D1402D 液硫封夹套球阀 V14707。

（10）当液封无硫磺流出时，关闭 D1402E 液硫封夹套球阀 V14708。

（11）关闭 E1404 煮炉蒸汽阀 V14706。

（12）停 E1405 空冷器。

（13）当燃烧炉温度降到 500℃左右时，关闭主炉降温蒸汽流量调节阀 FV14201。

（14）关闭主炉降温蒸汽调节阀 FV14201 前切断阀 VD1414。

（15）当反应器床层温度降到 150℃以下时，按主炉"复位"按钮，主燃烧炉熄火，自动关闭燃料气和空气流量调节阀、空气联锁阀 YV14151。

（16）关闭主燃烧炉燃料气调节阀 FV14203 前切断阀 VD1409。

（17）关闭空气流量主路调节阀前切断阀 VD1403。

(18)关闭空气流量主路调节阀后切断阀 VD1404。

(19)关闭支路空气流量调节阀前切断阀 VD1401。

(20)关闭支路空气流量调节阀后切断阀 VD1402。

(21)按"开工吹扫"按钮,打开空气联锁阀 YV14151。

(22)打开主炉空气流量调节阀旁通阀 V1402,对系统继续吹扫冷却。

(23)关闭废热锅炉 E1401 蒸汽压力调节阀 PV14211。

(24)关闭 E1402 蒸汽出口阀 V14406。

(25)打开废热锅炉 E1401 顶部排气阀 V14301,降低废锅蒸汽压力。

(26)当压力排完后,关闭废热锅炉顶部排气阀 V14301。

(27)关闭 E1401 出口蒸汽压力调节阀 PV14211 截止阀 VD1415。

(28)关闭 E1401 出口蒸汽压力调节阀 PV14211 截止阀 VD1416。

(29)关闭废锅 E1401 上水调节阀 LV14212。

(30)关闭 E1401 上水调节器 LIC14252 截止阀 VD1417。

(31)关闭 E1401 上水调节器 LIC14252 截止阀 VD1418。

(32)打开 E1401 上水调节阀旁通阀 V1409。

(33)打开 E1401 排污阀 V14303,控制好废热锅炉液位。

(34)BFW 置换炉水以降低气流温度,直至各反应器床层温度降到100℃以下。

(35)关闭 E1401 上水调节阀旁通阀 V1409。

(36)打开废热锅炉 E1401 顶部排气阀 V14301。

(37)E1401 水排尽后关闭排污阀 V14303。

(38)关闭 E1402 上水调节阀 LV14252。

(39)关闭 E1402 上水调节阀前切断阀 VD1423。

(40)关闭 E1402 上水调节阀后切断阀 VD1424。

(41)打开 E1402 底部排污阀 V14402。

(42)打开 E1402 顶部放空阀 V14401。

(43)水排净后关闭 E1402 底部排污阀 V14402。

(44)打开 E1404 底部排污阀 V14705。

(45)打开 E1404 顶部放空阀 V14704。

(46)水排净后关闭 E1404 底部排污阀 V14705。

(47)继续空气吹扫装置,赶出冷换设备里潮湿的空气(延时 5 s)。

(48)关闭废热锅炉 E1401 顶部排气阀 V14301。

(49)关闭冷凝器 E1402 顶部放空阀 V14401。

(50)关闭 E1404 顶部放空阀 V14704。

(51)当系统各点温度降到95℃以下时,打开取样阀 V14307,分析氧含量。

(52)按取样按钮。

(53)当系统 O_2 含量>18%时,关闭空气流量主炉调节阀旁通阀 V1402,停止冷却吹扫。

(54)关闭取样阀 V14307。

(55)当超级反应器床层温度低于95℃时,关闭超级预热空气阀 V14703。

(56)关闭超级氧化空气调节阀 FV14404。

（57）关闭氧化空气蒸汽阀 V14701。

（58）关闭氧化空气凝结水阀 V14702。

（59）关闭氧化空气截断阀 VD1433。

（60）停止向鼓泡器供应空气,关闭空气阀 V14801。

（61）按"停止开工吹扫"按钮,关闭空气联锁阀 YV14151。

（62）缓慢关闭风机 K1401A 出口阀 V14102。

（63）停运风机 K1401A。

（64）关闭尾气管线蝶阀 V14710。

（65）手动启运 P1401 将液硫池液硫清空。

（66）停运液硫泵 P1401A。

（67）关闭液硫池保温蒸汽阀 V14802。

（68）关闭液硫池凝结水阀 V14803。

（69）关闭蒸汽引射器前切断阀 VD14801。

（70）关闭蒸汽引射器后切断阀 VD14802。

（71）按灼烧炉"复位"按钮,停运灼烧炉。

（72）关闭灼烧炉 H1412 一次配风切断阀 VD1445。

（73）关闭灼烧炉 H1412 二次配风切断阀 VD1443。

（74）关闭灼烧炉 H1412 燃料气切断阀 VD1447。

（75）关闭灼烧炉 H1412 吹扫氮气切断阀 VD14903。

（76）关闭灼烧炉极冷空气调节阀 TV14603。

（77）关闭灼烧炉极冷空气切断阀 VD1449。

（78）关闭 K1402A 风机出口阀 V14901。

（79）停运 K1402A。

（80）按"停止系统保温"按钮,停保温蒸汽,打开蒸汽、凝结水甩头阀排尽。

（81）按"停产结束"按钮。

三、思考题

1. 怎样理解克劳斯法硫磺回收的化学原理？

2. 直流法与分流法区别是什么？

3. 低温克劳斯工艺及特点有哪些？

4. 典型硫磺回收设备包括哪些？

项目九　天然气净化尾气处理仿真操作

任务一　天然气净化尾气处理操作概述

一、实训目的

天然气中脱出的硫化氢不能直接排放到大气中去,因此需要将天然气中脱出的硫化氢生产成硫磺,以保护环境。

二、实训原理

含总硫约 1.05％的硫磺回收单元尾气与按次当量化学反应燃烧生成的含有还原性气体的高温气流,在在线燃烧炉混合室(H-1501)混合升温至最佳反应温度后,进入反应器(R-1501),在钴/钼催化剂的作用下,硫磺回收单元尾气中的 SO_2,S_6,S_8 几乎全部被 H_2 还原转化为 H_2S。

$$SO_2+3H_2\longrightarrow H_2S+2H_2O+热量 \qquad (1)$$
$$S_n+nH_2\longrightarrow nH_2S+热量 \qquad (2)$$

气流中的 COS,CS_2 也几乎全部水解成 H_2S:

$$COS+HO_2\longrightarrow H_2S+CO_2+热量 \qquad (3)$$
$$CS_2+2H_2O\longrightarrow 2H_2S+CO_2+热量 \qquad (4)$$

经过反应器反应的过程气中 SO_2 在 5ppm(V)以下,COS 在 10ppm(V)以下,CS_2 在 1ppm以下。

经过冷却后的过程气流进入 SCOT 吸收塔与 21％(w)的甲基二乙醇胺溶液逆流接触,几乎全部的 H_2S 和 20％～30％的 CO_2 被吸收下来,使过程气得到净化,净化尾气总硫小于300ppm(V),再经 H-1404 灼烧后放空。

吸收了酸性气体的 MDEA 溶液,经贫富液换热器换热后,去再生塔加热气体再生,分解脱出来的酸气经冷却后返回 1400# 制硫。再生后的 MDEA 溶液,经换热冷却后,去脱硫塔循环使用。吸收再生反应如下:

$$H_2S+R_2R'N\longleftrightarrow R_2R'NH^++HS^-+热量 \qquad (5)$$
$$CO_2+R_2R'N+H_2O\longleftrightarrow R_2R'NH^++HCO_3^-+热量 \qquad (6)$$

H_2S 和 $R_2R'N$ 中的反应速度受气膜控制,因此阻力小,反应极快。而 CO_2 和 $R_2R'N$ 的反应速度受液膜控制,阻力较大,反应较(5)慢得多,因此吸收是有选择性的。

还原段:燃料气与来自主风机的空气(K-1502)在 H-1501 燃烧室按次化学当量燃烧,产生含有还原性气体的高温焰气,和克劳斯尾气混合后,达到反应温度,然后进入装有钴/钼催化剂的反应器(R-1501)中,在催化剂的作用下,过程气中 SO_2、单质硫,被 H_2 还原,过程气经过加氢反应后,几乎所有的硫化物都转化为 H_2S,从反应器(R-1501)出来的 330～340℃的过程气进入 SCOT 废热锅炉(E-1501),冷却到 160～170℃,同时产生 0.45 MPa(表)的饱和蒸汽进入工厂低压蒸汽汇管,过程气再进入 SCOT 冷却塔(C-1501),和循环冷却水逆流接触,冷却到 40℃,然后去 SCOT 吸收塔(C-1502)。

过程气在 C-1501 冷却过程中,极大部分气相水被冷凝下来,随同冷却水进入塔底,由循环水泵(P-1501A/B)抽出,经空冷、水冷到 40℃后返回冷却塔(C-1501)循环使用。多余的冷却水经过滤器(F-1502)过滤后,去 1600# 酸水汽提单元处理。

为了减轻设备腐蚀,延长设备使用寿命,C-1501 中循环冷却水呈酸性,必须加氨以维持pH 值正常。

吸收再生段:在 SCOT 吸收塔内,过程气和 MDEA 溶液逆流接触,几乎全部的 H_2S 和20％～30％的 CO_2 被吸收下来,尾气得到净化,在总硫小于 300ppm(V)的状况下经过灼烧炉H-1404 灼烧、放空。吸收了 H_2S 和 CO_2 的 MDEA 溶液用 P-1502A/B 抽出,经过贫富液换热器(E-1503ABC)换热升温至 105℃后进入 SCOT 再生塔(C-1503)的十四层塔盘,与由下而上的热气流逆流接触,将富液中的 H_2S,CO_2 汽提出来,上升酸气流经回流液洗涤后出再生塔(C-1503),经空冷(E-1506)和水冷(E-1507)冷却到40℃后进入酸水分离罐(D-1502),分离出的酸水用再生塔回流泵(P-1504A/B)抽出作 C-1503 回流,酸气去 1400# 制硫。

C-1503 再生塔热量由重沸器(E-1508)提供。出再生塔底的 MDEA 贫液经过 E-1503 换热后,降温至66~67℃,然后由再生塔底泵 P-1503A/B 加压,再经空冷 E-1504AB,水冷 E-1505AB,冷却到35~40℃,进入 C-1502 上部循环使用。为了除去 FeS 及其他杂质,P-1503出口贫液分出 6 500 L/h 的量去溶液过滤器(F-1501),过滤后的贫液返回 P-1503入口。

三、实训器材

1. 主要设备(见表3-7)

表3-7 设备列表

序 号	位 号	名 称	序 号	位 号	名 称
1	T-1501	溶液储罐	17	C-1502	SCOT 吸收塔
2	D-1503	溶液低位罐	18	P-1503A	再生塔底泵
3	P-1505	溶液补充泵	19	P-1503B	再生塔底泵
4	K-1502	主风机	20	P-1502A	吸收塔底泵
5	H-1501	燃烧室	21	P-1502B	吸收塔底泵
6	R-1501	反应器	22	D-1501	缓冲罐
7	E-1501	废热锅炉	23	F-1501	过滤器
8	E-1509	循环水冷却器	24	E-1503A/B/C	换热器
9	E-1502A/B/C/D	空气冷却器	25	P-1504A	回流泵
10	P-1501A	循环水泵	26	P-1504B	回流泵
11	P-1501B	循环水泵	27	C-1503	SCOT 再生塔
12	C-1501	SCOT 冷却塔	28	E-1508	重沸器
13	K-1501	开停产风机	29	E-1506A/B	空气冷却器
14	F-1502	过滤器	30	E-1507	循环水冷却器
15	E-1505	循环水冷却器	31	D-1502	酸水分离罐
16	E-1504A/B	空气冷却器	32	D1505	凝结水罐

2. 仪表(见表3-8)

表3-8 仪表列表

序 号	位 号	名 称	正常值	说 明
1	LI-1509	液位显示仪表	20%	溶液储罐 T-1501 液位
2	LI-1508	液位显示仪表	20%	溶液低位罐 D-1503 液位
3	PI1503	压力显示仪表	80kPa	主风机出口压力

续　表

序　号	位　号	名　　称	正常值	说　明
4	AI1503	组分显示仪表	0.75%	冷却塔出口过程气氢含量
5	FY1502	比例控制器	7.5	空气比例控制器
6	FI1502	流量显示仪表	395 m³/h	空气流量
7	FI1501/FI1510	流量显示仪表	52 m³/h	燃料气流量
8	PI1502	压力显示仪表	22.5 kPa	燃烧器压力
9	TI1501	温度显示仪表	285℃	燃烧器温度
10	FY1531	比例控制器	4	降温蒸汽比例控制器
11	FI1531	流量显示仪表	150 kg/h	降温蒸汽流量
12	AIC1402	组分显示仪表	2.5	尾气中硫化氢与二氧化硫比例
13	TJI1504 - 1/4	温度显示仪表	283℃	反应器床层上部温度
14	TJI1504 - 2/5	温度显示仪表	310℃	反应器床层中部温度
15	TJI1504 - 3/6	温度显示仪表	315℃	反应器床层下部温度
16	TJI1501	温度显示仪表	283℃	反应器入口温度
17	PDI1504	压力显示仪表	10 kPa	反应器进出口压力差
18	FI1509	流量显示仪表	225 kg/h	废热锅炉低压蒸汽流量
19	TI1502	温度显示仪表	315℃	反应器出口温度
20	LI1501	液位显示仪表	50%	废热锅炉液位高度
21	PG1501	压力显示仪表	32.5 kPa	尾气压力
22	PG1508	压力显示仪表	0.45 MPa	废热锅炉压力
23	TJI1505	温度显示仪表	30℃	循环水温度
24	FI1504	流量显示仪表	135 m³/h	循环水流量
25	TI1503	温度显示仪表	30℃	冷却塔塔顶温度
26	FI1511	流量显示仪表	10 830 m³/h	过程气流量
27	AI1502	pH 显示仪表	7	循环水 pH 值
28	FI1506	流量显示仪表	63	外排循环水流量
29	TJI1503	温度显示仪表	50	冷却塔轻相温度
30	LI1502	液位显示仪表	50%	冷却塔液位高度
31	PI1506	压力显示仪表	0 kPa	1# 阀阀前压
32	FI1505	流量显示仪表	0 m³/h	循环气流量
33	TJI1512	温度显示仪表	40℃	吸收塔贫液入口温度
34	FI1507	流量显示仪表	65 m³/h	吸收塔贫液流量

续 表

序 号	位 号	名 称	正常值	说 明
35	TJI1506	温度显示仪表	30℃	吸收塔过程气出口温度
36	PI1508	压力显示仪表	1.1 kPa	D1501 压力
37	FI1515	流量显示仪表	9 076 m³/h	D1501 过程气出口流量
38	LI1505	液位显示仪表	8%	D1501 液位高度
39	TJI1502	温度显示仪表	30℃	废热锅炉过程气入口温度
40	LI1503	液位显示仪表	50%	再生塔液位高度
41	TJI1507	温度显示仪表	30℃	吸收塔富液出口温度
42	FI1517	流量显示仪表	6 500 L/h	吸收塔贫液小股循环液流量
43	TJI1508	温度显示仪表	106℃	再生塔富液入口温度
44	TJI1516	温度显示仪表	105℃	再生塔酸气出口温度
45	TI1505	温度显示仪表	105℃	再生塔出口酸气温度
46	TJI1513	温度显示仪表	109℃	再沸器冷液出口温度
47	FI1512	流量显示仪表	2 554 kg/h	再沸器蒸汽流量
48	TJI1509	温度显示仪表	109℃	再生塔贫液出口流量
49	LI1506	液位显示仪表	50%	再生塔液位高度
50	FI1514	流量显示仪表	470 L/h	D1502 回流液流量
51	LI1507	液位显示仪表	50%	D1505 液位高度
52	TJI1515	温度显示仪表	30℃	D1502 回流液温度
53	PI1509	压力显示仪表	80 kPa	D1502 压力
54	FI1516	流量显示仪表	563 m³/h	D1502 酸气出口流量
55	LI1504	液位显示仪表	50%	D1502 液位高度
56	PIC1503	压力控制器	80 kPa	主风机 K1502 出口压力
57	FIC1502	流量控制器	393 m³/h	燃烧器空气进料量
58	TIC1501	温度控制器	285℃	反应器温度
59	PIC1506	压力控制	0 kPa	风机 K1501 压力
60	LIC1501	液位控制	50%	废热锅炉液位
61	LIC1502	液位控制	50%	冷却塔液位
62	FIC1504	流量控制	135 m³/h	冷却塔循环水流量
63	LIC1503	液位控制	50%	吸收塔液位
64	FIC1507	流量控制	65 m³/h	吸收塔贫液入口流量
65	TIC1505	温度控制	105℃	再生塔过程气出口温度

续　表

序　号	位　号	名　称	正常值	说　明
66	FIC1512	流量控制	2 554 kg/h	再沸器加热蒸汽流量
67	LIC1507	液位控制	50%	再沸器凝结水罐 D1505 液位
68	LIC1504	液位控制	50%	气液分离罐 D1502 液位
69	PIC1509	压力控制	80 kPa	气液分离罐 D1502 压力
70	HC1501	手操器	563 m³/h	酸气手操器
71	FIC1531	流量控制	150.33 kg/h	降温蒸汽流量
72	FIC1517	流量控制	6 500 L/h	吸收塔贫液回流流量

3. 复杂控制说明

(1)再生塔 C1503 过程气出口温度控制 TIC1505 和 FIC1512。

再生塔 C1503 过程气出口温度控制 TIC1505 和再沸器 E1508 加热蒸汽流量控制 FIC1512 组成串级控制。当再生塔 C1503 过程气出口温度高于设定值时,温度控制 TIC1505 将降低信号传递给流量控制 FIC1512,FIC1512 根据此降低信号来关小加热蒸汽阀门 FV1512 的开度,以减少加热蒸汽量,从而达到降低再生塔 C1503 过程气出口温度的目的。当再生塔 C1503 过程气出口温度低于设定值时,温度控制 TIC1505 将增大信号传递给流量控制 FIC1512,FIC1512 根据此增大信号来增大加热蒸汽阀门 FV1512 的开度,以增大加热蒸汽量,从而达到提高再生塔 C1503 过程气出口温度的目的。

(2)燃烧器 H1501 燃料气流量显示 FI1501/FI151 和 FY1502 以及 FIC1502。

燃烧器 H1501 燃料气流量显示 FI1501/FI1510 和比例调节器 FY1502 以及空气流量控制 FIC1502 组成比例控制。当燃料气流量 FI1501/FI1510 增大时,空气流量控制 FIC1502 自动增大空气流量控制阀 FV1502 的开度,以增大空气流量,从而满足比例调节器 FY1502 所设定的空气流量与燃料气流量的比值。当燃料气流量 FI1501/FI1510 减小时,空气流量控制 FIC1502 自动减小空气流量控制阀 FV1502 的开度,以降低空气流量,从而满足比例调节器 FY1502 所设定的空气流量与燃料气流量的比值。

(3)燃烧器 H1501 燃料气流量显示 FI1501/FI151 和 FY1531 以及 FIC1531。

燃烧器 H1501 燃料气流量显示 FI1501/FI1510 和比例调节器 FY1531 以及降温蒸汽流量控制 FIC1531 组成比例控制。当燃料气流量 FI1501/FI1510 增大时,降温蒸汽流量控制 FIC1531 自动增大降温蒸汽流量控制阀 FV1531 的开度,以增大降温蒸汽流量,从而满足比例调节器 FY1531 所设定的降温蒸汽流量与燃料气流量的比值。当燃料气流量 FI1501/FI1510 减小时,降温蒸汽流量控制 FIC1531 自动减小降温蒸汽流量控制阀 FV1531 的开度,以降低降温蒸汽流量,从而满足比例调节器 FY1531 所设定的降温蒸汽流量与燃料气流量的比值。

(4)重点设备的操作。

1)离心泵。

离心泵的启动:当泵前液位>30% 开启泵的入口阀(如有入口阀)灌泵排气,再启动泵,最后再开启出口阀。

离心泵的停用:先关出口阀(如有出口阀),再关泵,最后关入口阀(如有入口阀)。

2)鼓风机/引风机。

鼓风机/引风机的启动:先启动风机,再打开风机出口阀。

鼓风机/引风机的停用:先关闭出口阀,再停运风机。

四、思考题

1.为什么要进行硫磺回收?

2.硫磺回收的工艺原理是什么?

3.硫磺回收过程中需要注意的问题是什么?

任务二　天然气净化尾气处理实训操作

一、冷态开车操作

1.检查准备工作

检查确认本装置具备开产条件,阀门处于正确开关位置,按"检查确认"按钮。

2.还原段空气吹扫和试压检漏

(1)开启 K1502 风机。

(2)打开 K1502 风机出口阀 VD1572。

(3)调节 PIC1503,控制风机压力为 80 kPa。

(4)将 PIC1503 投自动。

(5)将 PIC1503 设定值设为 80 kPa。

(6)倒开废热锅炉 E1501 尾端下方短节处的盲板。

(7)打开 H1501 空气联锁阀 ZV1504。

(8)打开 H1501 空气流量调节阀 FV1502,对 H1501 至 E1501 进行空气吹扫。

(9)直到无固体杂质为止,关闭 H1501 空气流量调节阀 FV1502。

(10)倒闭废热锅炉 E1501 尾端下方短节处的盲板。

(11)打开冷却塔 C1501 底部排污阀门 VD1520。

(12)打开 H1501 空气流量调节阀 FV1502 继续进行空气吹扫。

(13)直到冷却塔 C1501 底部无固体杂质为止,关闭冷却塔 C1501 底部排污阀门 VD1520。

(14)当 PI1502 压力达到 35 kPa 时,关闭 H1501 空气流量调节阀 FV1502,对所有设备及管线进行试压检漏。

(15)检漏合格后,按"检漏合格"按钮。

(16)关闭 K1502 风机出口阀 VD1572。

(17)停 K1502 风机。

(18)关闭风机压力调节阀 PV1503。

(19)打开 C1501 底部排污阀 VD1520,进行泄压。

(20)PI1502 为零后,关闭 C1501 底部排污阀 VD1520。

(21)按"空气吹扫和试压检漏结束"按钮。

3.废热锅炉 E1501 试水压和暖锅

(1)打开废热锅炉 E1501 顶部排气阀 VD1506。

（2）打开废热锅炉 E1501 液位调节阀 LV1501 的旁通阀 V1505，E1501 进水。

（3）E1501 顶部排气阀出水，关闭顶部排气阀 VD1506。

（4）当 E1501 压力 PG1508 达到 0.6 MPa 后，关闭 LV1501 的旁通阀 V1505，进行检漏。

（5）检漏合格后，按"确认"按钮。

（6）打开 E1501 底部排污阀 VD1507 排水。

（7）打开 E1501 顶部排气阀 VD1506。

（8）当 E1501 液位 LIC1501 降到 30％后，关闭 E1501 底部排污阀 VD1507。

（9）缓慢打开 E1501 底部暖锅高压蒸汽阀门 VD1505，进行暖锅。

（10）在暖锅过程中，E1501 液位 LIC1501 高时，打开 E1501 底部排污阀排污。

（11）当 E1501 顶部排气口排出大量蒸汽后，关闭 E1501 顶部排气阀 VD1506。

（12）打开 E1501 顶部主蒸汽出口阀 V150。

（13）打开废热锅炉 E1501 液位调节阀 LV1501 的前截止阀 VD1509。

（14）打开废热锅炉 E1501 液位调节阀 LV1501 的后截止阀 VD1508。

（15）将 E1501 液位调节器 LIC1501 投自动。

（16）将 LIC1501 设定值设定为 50％，等待点火。

（17）按"废热锅炉 E1501 试水压和暖锅结束"按钮。

4.C1501 工业水水洗（仪表联校）

（1）打开 C1501 底部工业水阀 VD1517，C1501 进工业水。

（2）当 C1501 液位 LIC1502 达到 30％以上时，打开酸水循环泵 P1501A 入口阀 VD1512，灌泵排气。

（3）启运酸水循环泵 P1501A。

（4）打开泵 P1501A 出口阀 VD1511。

（5）打开 C1501 酸水流量调节阀 FV1504，调整循环量为 135 m³/h 左右，建立循环。

（6）当 C1501 液位 LIC1502 达到 50％左右时，关闭 C1501 底部工业水阀 VD1517，进行仪表联校。

（7）控制 C1501 液位 LIC1502 在 50％左右。

（8）循环水洗 2 h（仿真操作 2 min 以上）后，停止循环，关闭泵 P1501A 出口阀 VD1511。

（9）停泵 P1501A。

（10）关闭泵 P1501A 入口阀 VD1512。

（11）泵 P1501A 入口阀 VD1512。

（12）关闭 C1501 酸水流量调节阀 FV1504。

（13）打开 C1501 底部排污阀 VD1520 排污。

（14）排净后，关闭 C1501 底部排污阀 VD1520。

（15）按"工业水水洗结束"按钮。

5.C1501 除氧水水洗

（1）打开 C1501 底部除氧水阀门 VD1518，C1501 进除氧水。

（2）当 C1501 液位 LIC1502 达到 30％以上时，打开泵 P1501A 入口阀 VD1512，灌泵排气。

（3）启运酸水循环泵 P1501A。

（4）打开泵 P1501A 出口阀 VD1511。

(5)打开 C1501 酸水流量调节阀 FV1504,调整循环量为 135 m³/h 左右,建立循环。

(6)当 C1501 液位 LIC1502 达到 50%左右时,关闭 C1501 底部工业水阀 VD1518。

(7)控制 C1501 液位 LIC1502 在 50%左右。

(8)循环水洗 2 h(仿真操作 2 min 以上)后,停止循环,关闭泵 P1501A 出口阀 VD1511。

(9)停泵 P1501A。

(10)关闭泵 P1501A 入口阀 VD1512。

(11)关闭 C1501 酸水流量调节阀 FV1504。

(12)打开 C1501 底部排污阀 VD1520 排污。

(13)排净后,关闭 C1501 底部排污阀 VD1520。

(14)按"除氧水水洗结束"按钮。

6. C1501 进除氧水建立循环

(1)打开 C1501 底部除氧水阀门 VD1518,C1501 进除氧水。

(2)当 C1501 液位 LIC1502 达到 30%以上时,打开泵 P1501A 入口阀 VD1512,灌泵排气。

(3)启运酸水循环泵 P1501A。

(4)打开泵 P1501A 出口阀 VD1511。

(5)打开 C1501 酸水流量调节阀 FV1504,调整循环量为 135 m³/h 左右,建立循环。

(6)当 C1501 液位 LIC1502 达到 50%左右时,关闭 C1501 底部除氧水阀 VD1518。

(7)控制 C1501 液位 LIC1502 在 50%左右。

(8)打开 C1501 液位调节阀 LV1502 前截断阀。

(9)打开 C1501 液位调节阀 LV1502 后截断阀。

(10)将 C1501 液位调节器 LIC1502 投自动。

(11)将 C1501 液位调节器 LIC1502 设定值设定为 50%。

(12)将 C1501 酸水流量调节器 FIC1504 投自动。

(13)将 FIC1504 设定值设定为 135 m³/h,等待点火。

(14)按"C1501 进除氧水建立循环结束"按钮。

7. 建立气循环(点火升温)

(1)启运 K1502 风机。

(2)打开 K1502 风机出口阀 VD1572。

(3)调节 PIC1503,控制风机压力为 80 kPa。

(4)将 PIC1503 投自动。

(5)将 PIC1503 设定值设为 80 kPa。

(6)打开 1# 蝶阀。

(7)打开 2# 蝶阀。

(8)打开 6# 蝶阀。

(9)启运循环风机 K1501。

(10)缓慢打开循环风机 K1501 流量调节阀 FV1505,调节其开度控制 FIC1505 在 12 000 m³/h 左右。

(11)将循环风机 K1501 出口压力调节器 PIC1506 投自动。

(12)将 PIC1506 设定值设定为 35 kPa。

(13)压力不足时,打开 2# 蝶阀后氮气阀 VD1519 引入氮气补充。

(14)打开 H1501 燃料气联锁阀 ZV1502。

(15)打开 H1501 仪表风联锁阀 ZV1505。

(16)打开 H1501 蒸汽联锁阀 ZV1506。

(17)启动 H1501 点火按钮。

(18)打开 H1501 点火仪表风阀门 VD1503,引入点火仪表风。

(19)同时打开 H1501 点火燃料气阀门 V1519,引入点火燃料气。

(20)H1501 点火嘴点燃后,打开 H1501 主火嘴燃料气压力调节阀 PV1502 前截止阀 VD1501。

(21)打开 H1501 主火嘴燃料气压力调节阀 PV1502 后截止阀 VD1502。

(22)将风气比 FY1502 设定为 9.8。

(23)将 H1501 空气流量调节器 FIC1502 投入串接。

(24)手动操作 TIC1501,控制燃料气流量 FI1501 为 10 m^3/h 左右,空气流量 FIC1502 自动跟踪到 98 m^3/h 左右。

(25)H1501 主火嘴点燃后,关闭仪表风联锁阀 ZV1505。

(26)关闭 H1501 点火燃料气阀门 V1519。

(27)关闭 H1501 点火仪表风阀 VD1503。

(28)关闭暖锅蒸汽阀 VD1505。

(29)H1501 点燃后,打开酸水后冷器 E1509 的循环水进口阀 V1517。

(30)打开酸水后冷器 E1509 的循环水出口阀 VD1510。

(31)启运酸水空冷器 E1502A。

(32)启运酸水空冷器 E1502B。

(33)当 H1501 的燃料气流量 FI1501 达到 20 m^3/h 时,将降温蒸汽与燃料气的质量比例器 FY1531 设定为 4。

(34)将降温蒸汽调节器 FIC1531 投入串接。

(35)按 15~25℃/h(仿真操作以 5~9℃/min)对 H1501 进行升温,当 R1501 各点温度升至 250℃ 左右时,进行恒温。

(36)按"点火升温结束"按钮。

8. 吸收再生段空气吹扫

(1)打开吸收塔 C1502 底部排污阀门 VD1526。

(2)打开吸收塔 C1502 底部工厂风阀门 VD1576,进行空气吹扫。

(3)直到吹扫干净后,关闭 C1502 底部排污阀门 VD1526。

(4)打开废气分液灌 D1501 底部排污阀门 VD1574。

(5)直到吹扫干净后,关闭吸收塔 C1502 底部工厂风阀门 VD1576。

(6)PI1508 压力降为零后,关闭 D1501 底部排污阀门 VD1574。

(7)打开再生塔 C1503 底部排污阀门 VD1550。

(8)打开再生塔 C1503 底部工厂风阀门 VD1547,进行空气吹扫。

(9)直到吹扫干净后,关闭 C1503 底部排污阀门 VD1550。

(10)打开酸气分液灌 D1502 底部排污阀门 VD1575。

(11)直到吹扫干净后,关闭再生塔 C1503 底部工厂风阀门 VD1547。

(12)PIC1509 压力降为零后,关闭 D1502 底部排污阀门 VD1575。

(13)按"空气吹扫结束"按钮。

9.吸收再生段氮气试压和吹扫置换

(1)打开 C1502 底部氮气阀门 VD1524,对吸收系统建压。

(2)当 D1501 出口 PI1508 达到 35 kPa 后,关闭 C1502 底部氮气阀门 VD1524,进行检漏。

(3)检漏合格后,按"检漏合格"按钮。

(4)打开 D1501 出口 5# 蝶阀。

(5)打开 C1502 底部氮气阀门 VD1524,进行氮气置换。

(6)打开 D1501 出口取样阀门 VD1578,进行取样。

(7)按 D1501 出口"取样"按钮。

(8)当 D1501 出口取样显示 O_2 含量<3% 后,关闭 D1501 出口取样阀门 VD1578。

(9)关闭 C1502 底部氮气阀门 VD1524。

(10)泄压完毕后,关闭 D1501 出口 5# 蝶阀。

(11)打开 C1503 底部氮气阀门 VD1546,对再生系统建压。

(12)当 D1502 出口 PIC1509 压力达到 100 kPa 左右后,关闭 C1503 底部氮气阀门 VD1546,进行检漏。

(13)检漏合格后,按"检漏合格"按钮。

(14)打开 D1502 出口酸气放空压力调节阀 PV1509 前截止阀 VD1561。

(15)打开 D1502 出口酸气放空压力调节阀 PV1509 后截止阀 VD1562。

(16)打开 D1502 出口酸气放空压力调节阀 PV1509。

(17)打开 C1503 底部氮气阀门 VD1546,进行氮气置换。

(18)打开 D1502 出口取样阀门 VD1577,进行取样。

(19)按 D1502 出口"取样"按钮。

(20)当 D1502 出口取样显示 O_2 含量<3% 后,关闭 D1502 出口取样阀门 VD1577。

(21)关闭 C1503 底部氮气阀门 VD1546。

(22)关闭 D1502 出口酸气放空压力调节阀 PV1509。

(23)氮气试压和吹扫置换(确认按钮)。

10.吸收再生段工业水水洗,仪表联校

(1)打开 C1503 底部氮气阀门 VD1546,对再生系统建压。

(2)当 PIC1509 压力达到 80 kPa 后,关闭 C1503 底部氮气阀门 VD1546。

(3)将酸气放空调节器 PIC1509 投自动。

(4)将酸气放空调节器 PIC1509 设定值设定为 80 kPa。

(5)打开吸收塔 C1502 底部工业水阀 VD1522,C1502 进工业水。

(6)当 C1502 液位 LIC1503 达到 50% 左右时,打开泵 P1502A 入口阀 VD1534,灌泵排气。

(7)启动泵 P1502A。

(8)打开泵 P1502A 出口阀 VD1533。

(9)打开 C1502 液位调节阀 LV1503(控制液位在 30%~80%)。

(10)打开 E1503 到 P1503A 贫液管线上的阀门 VD1538。

(11)当 C1503 液位 LI1506 达到 10％左右时,打开 E1503 进口贫液管线排气阀门 VD1542,排气。

(12)排气完毕后,关闭 E1503 进口贫液管线排气阀门 VD1542。

(13)当 C1503 液位 LI1506 达到 50％左右时,打开泵 P1503A 入口阀 VD1528,灌泵排气。

(14)启动泵 P1503A。

(15)打开泵 P1503A 出口阀 VD1527。

(16)打开贫液循环量调节阀 FV1507,并控制循环量为 65 m³/h 左右。

(17)控制 C1502 液位 LIC1503 在 50％左右。

(18)控制 C1503 液位 LI1506 为 50％左右。

(19)关闭吸收塔 C1502 底部工业水阀 VD1522,系统进行仪表联校。

(20)循环 2 h(仿真操作 2 min 以上)后,关闭泵 P1503A 出口阀 VD1527。

(21)停运泵 P1503A。

(22)关闭泵 P1503A 入口阀 VD1528。

(23)关闭循环量调节阀 FV1507。

(24)关闭泵 P1502A 出口阀 VD1533。

(25)停运泵 P1502A。

(26)关闭泵 P1502A 入口阀 VD1534。

(27)关闭吸收塔 C1502 液位调节阀 LV1503。

(28)打开 C1502 底部排污阀 VD1526,对 C1502 排液。

(29)排净后,关闭 C1502 底部排污阀 VD1526。

(30)打开 C1503 底部排污阀 VD1550,对 C1503 排液。

(31)排净后,关闭 C1503 底部排污阀 VD1550。

(32)按"工业水水洗结束确认"按钮。

11. 吸收再生段除氧水水洗

(1)打开 C1503 底部氮气阀门 VD1546,对再生系统建压。

(2)当 PIC1509 压力达到 80 kPa 时,关闭 C1503 底部氮气阀门 VD1546。

(3)打开再生塔 C1503 底除氧水阀 VD1548,C1503 进除氧水。

(4)当 C1503 有液位时,打开 E1503 进口贫液管线排气阀门 VD1542,排气。

(5)排气完毕,关闭 E1503 进口贫液管线排气阀门 VD1542。

(6)当 C1503 液位 LI1506 达到 50％左右时,打开泵 P1503A 入口阀 VD1528,灌泵排气。

(7)当 C1503 液位 LI1506 达到 50％左右时,打开泵 P1503A 入口阀 VD1528,灌泵排气。

(8)启动泵 P1503A。

(9)打开泵 P1503A 出口阀 VD1527。

(10)打开贫液循环量调节阀 FV1507,并控制循环量为 65 m³/h 左右。

(11)当 C1502 液位达到 50％左右时,打开泵 P1502A 入口阀 VD1534,灌泵排气。

(12)启动泵 P1502A。

(13)打开泵 P1502A 出口阀 VD1533。

(14)打开 C1502 液位调节阀 LV1503,并控制液位在 50％左右。

(15)控制 C1502 液位 LIC1503 在 50％左右。

(16)控制 C1503 液位 LI1506 为 50％左右。

(17)关闭 C1503 底部除氧水阀 VD1548。

(18)循环 2 h(仿真操作 2 min 以上)后,关闭泵 P1503A 出口阀 VD1527。

(19)停运泵 P1503A。

(20)关闭泵 P1503A 入口阀 VD1528。

(21)关闭循环量调节阀 FV1507。

(22)关闭泵 P1502A 出口阀 VD1533。

(23)停运泵 P1502A。

(24)关闭泵 P1502A 入口阀 VD1534。

(25)关闭吸收塔 C1502 液位调节阀 LV1503。

(26)打开 C1502 底部排污阀 VD1526,对 C1502 排液。

(27)排净后,关闭 C1502 底部排污阀 VD1526。

(28)打开 C1503 底部排污阀 VD1550,对 C1503 排液。

(29)排净后,关闭 C1503 底部排污阀 VD1550。

(30)按"除氧水水洗结束确认"按钮。

12.进溶液建立冷循环

(1)打开 C1503 底部氮气阀门 VD1546,对再生系统建压。

(2)当 PIC1509 压力达到 80 kPa 后,关闭 C1503 底部氮气阀门 VD1546。

(3)关闭 E1503 到 P1503A 的贫液管线阀门 VD1538。

(4)打开溶液储罐到 P1503A 阀门 V1516。

(5)打开泵 P1503A 入口阀 VD1528,灌泵排气。

(6)启动泵 P1503A。

(7)打开泵 P1503A 出口阀 VD1527。

(8)打开贫液循环量调节阀 FV1507,并控制循环量为 65 m³/h 左右。

(9)当 C1502 液位达到 50％左右时,打开泵 P1502A 入口阀 VD1534,灌泵排气。

(10)启动泵 P1502A。

(11)打开泵 P1502A 出口阀 VD1533。

(12)打开 C1502 液位调节阀 LV1503 并控制液位在 50％左右。

(13)控制 C1502 液位 LIC1503 在 50％左右。

(14)控制 C1503 液位 LI1506 为 50％左右。

(15)关闭泵 P1503A 出口阀 VD1527。

(16)停运泵 P1503A。

(17)关闭泵 P1503A 入口阀 VD1528。

(18)关闭贫液循环量调节阀 FV1507。

(19)关闭泵 P1502A 出口阀 VD1533。

(20)停运泵 P1502A。

(21)关闭泵 P1502A 入口阀 VD1534。

(22)关闭 C1502 液位调节阀 LV1503。

(23)关闭溶液储罐到 P1503A 阀门 V1516。

(24)打开 E1503 到 P1503A 的贫液管线阀门 VD1538。

(25)打开 E1503 进口贫液管线排气阀门 VD1542,排气。

(26)排气完毕后,关闭 E1503 进口贫液管线排气阀门 VD1542。

(27)打开泵 P1503A 入口阀 VD1528,灌泵排气。

(28)启动泵 P1503A。

(29)打开泵 P1503A 出口阀 VD1527。

(30)打开贫液循环量调节阀 FV1507,并控制循环量为 65 m³/h 左右。

(31)打开泵 P1502A 入口阀 VD1534,灌泵排气。

(32)启动泵 P1502A。

(33)打开泵 P1502A 出口阀 VD1533。

(34)打开 C1502 液位调节阀 LV1503,控制 C1502 液位 LIC1503 为 50% 左右。

(35)系统进行冷循环,将 C1502 液位调节器 LIC1503 投入自动。

(36)将 C1502 液位调节器 LIC1503 设定值设定为 50%。

(37)制 C1502 液位 LIC1503 在 50% 左右。

(38)将循环量调节器 FIC1507 投入自动。

(39)将循环量调节器 FIC1507 设定值设定为 65 m³/h。

(40)打开过滤器 F1501 流量调节阀 FV1517 前截断阀 VD1531。

(41)打开过滤器 F1501 流量调节阀 FV1517 后截断阀 VD1532。

(42)打开过滤器 F1501 流量调节阀 FV1517,调整小股贫液流量在 6 500 L/h 左右。

(43)将过滤器 F1501 流量调节器 FIC1517 投自动。

(44)将 FIC1517 设定值设定为 6 500 L/h。

(45)按"冷循环结束"按钮。

13. 热循环

(1)打开贫液后冷器 E1505 循环水进口阀 VD1518。

(2)打开贫液后冷器 E1505 循环水出口阀 VD1521。

(3)打开酸气后冷器 E1507 循环水进口阀 V1513。

(4)打开酸气后冷器 E1507 循环水出口阀 VD1560。

(5)打开 E1508 蒸汽管线上排液阀门 VD1557。

(6)排液完后,关闭 E1508 蒸汽管线上排液阀门 VD1557。

(7)打开 E1508 蒸汽流量调节阀 FV1512 前截断阀 VD1552。

(8)打开 E1508 蒸汽流量调节阀 FV1512 后截断阀 VD1551。

(9)打开凝结水灌 D1505 液位调节阀 LV1507 前截止阀 VD1558。

(10)打开凝结水灌 D1505 液位调节阀 LV1507 后截止阀 VD1559。

(11)逐渐缓慢打开 E1508 蒸汽流量调节阀 FV1512,按 15～30℃/h(仿真操作以 5～8 ℃/min)对再生塔进行升温。

(12)当凝结水灌液位 LIC1507 达到 50% 左右时,慢慢打开 LV1507。

(13)将 LIC1507 调节器投自动。

(14)将 LIC1507 的设定值定为 50。

(15)控制凝结水灌液位 LIC1507 为 50% 左右。

(16)当 C1503 底部温度 TJI1509 达到 55℃ 左右时,启运贫液空冷器 E1504A。

(17)当 C1503 顶部温度 TIC1505 达到 40℃ 左右时,启运酸气空冷器 E1506A。

(18)打开酸气分液灌 D1502 液位调节阀 LV1504 前截止阀 VD1543。

(19)打开酸气分液灌 D1502 液位调节阀 LV1504 后截止阀 VD1544。

(20)当酸气分液灌 D1502 的液位达到 50％ 左右时,打开泵 P1504A 入口阀 VD1554,灌泵排气。

(21)启动泵 P1504A。

(22)打开泵 P1504A 出口阀 VD1553。

(23)打开液位调节阀 LV1504,并控制液位在 50％ 左右。

(24)将液位调节器 LIC1504 投入自动。

(25)将 LIC1504 的设定值定为 50。

(26)控制酸气分液灌 D1502 的液位 LIC1504 为 50％ 左右。

(27)当 C1503 顶部温度 TIC1505 达到 105℃ 左右时,将 C1503 温度调节器 TIC1505 投入自动。

(28)将 C1503 温度调节器 TIC1505 设定值设定为 105℃。

(29)将 E1508 重沸器蒸汽调节器 FIC1512 投入串接,吸收再生段达到进气条件,等待进气。

(30)按"热循环结束"按钮。

14.进气生产

(1)慢慢降低风气比 FY1502 为 7.0～9.5 进行制氢,控制氢含量为 1％～3％。

(2)按 15～25℃/h(仿真操作以 5～9℃/min)对反应器 R1501 床层各点温度继续升温达到 285℃ 左右。

(3)确认再生段均达到进气条件,按"确认"按钮。

(4)确认尾气中 H_2S/SO_2(体积含量比)为 2～4,按"确认"按钮。

(5)打开 C1501 出口 3# 碟阀。

(6)逐渐打开 D1501 出口 5# 碟阀,直至全开。

(7)慢慢打开 ZV1503,直至开度为 50％。

(8)在 PG1501 指示下,控制压力在 20 kPa 左右,慢慢关闭尾气旁通阀 ZV1501,直至全关。

(9)关闭循环风机 K1501 出口阀门 FV1505。

(10)停运循环风机 K1501。

(11)关闭 1# 碟阀。

(12)关闭 6# 碟阀。

(13)关闭 2# 碟阀。

(14)进气后,注意调整 H1501 的燃料气和空气流量,控制好 TIC1501 温度在 270～300℃。

(15)进气后,当酸气流量 FI1516 达到 200 m³/h 以上时,打开酸气手操器 HV1501 前截断阀 VD1563。

(16)打开酸气手操器 HV1501 后截断阀 VD1564。

(17)在控制酸气放空压力调节器 PIC1509 压力在 75～100 kPa 下,缓慢打开酸气手操器

HV1501,向回收单元送出酸气,直到全开酸气手操器 HV1501,酸气放空压力调节阀 PV1509 将自动关闭,停止酸气放空。

(18)将酸气调节器 PIC1509 的设定值定为 100 kPa。

(19)按"进气生产结束"按钮。

二、停车操作

1. 停产准备工作

(1)打开酸水流量调节阀后加氨管线阀门 V1506。

(2)当 AI1502 显示 pH 值为 7.5 左右时,关闭酸水流量调节阀后加氨管线阀门 V1506。

(3)按"停产准备工作结束确认"按钮。

2. 停气

(1)打开 1# 蝶阀。

(2)打开 2# 蝶阀。

(3)打开 6# 碟阀。

(4)将循环风机 K1501 出口压力调节器 PIC1506 投自动。

(5)将循环风机 K1501 出口压力调节器 PIC1506 设定值设定为 35 kPa。

(6)启运循环风机 K1501。

(7)逐渐打开 FV1505,控制循环气量达到 10 000 m³/h 左右(控制在 10 000~13 000 m³/h)。

(8)在 PG1501 指示下,控制压力 PG1501 在 20 kPa 左右,逐渐打开 ZV1501,直到全开。

(9)逐渐关闭 ZV1503,直到全关。

(10)当 ZV1501 开完,ZV1503 关完后,逐渐关闭 C1501 到 C1502 的 3# 碟阀。

(11)关闭 D1501 出口的 5# 碟阀。

(12)在控制酸气放空压力调节器 PIC11509 压力在 70~90 kPa 下,缓慢关闭酸气手操器 HV1501。

(13)关闭酸气手操器 HV1501 前截止阀 VD1563。

(14)关闭酸气手操器 HV1501 后截止阀 VD1564。

(15)控制酸气放空压力调节器 PIC11509 压力在 70~90 kPa。

(16)按"停气结束确认"按钮。

3. 还原段建立气循环

(1)当启运循环风机 K1501 建立气循环正常后,慢慢将风气比 FY1502 提高到 9~10。

(2)当 H1501 停止尾气进入后,要提高 FI1501 的燃料气和空气流量,保证反应器 R1501 的入口温度 TIC1501 在 285℃ 左右。

(3)当 H1501 停止尾气进入后,要控制 AI1502 的 pH 值在 7.0 左右。

(4)按"还原段建立气循环结束"确认按钮。

4. 在线燃烧炉 H1501 熄火停炉

(1)当气循环到循环气中 H_2 含量 AI1503 显示低于 1% 后,关闭 H1501 空气联锁阀 ZV1504。

(2)关闭 H1501 燃料气联锁阀 ZV1502。

(3)关闭 H1501 降温蒸汽联锁阀 ZV1506。

（4）关闭 H1501 燃料气压力调节阀 PV1502。

（5）关闭 H1501 空气流量调节阀 FV1502。

（6）关闭 H1501 燃料气压力调节阀 PV1502 前截止阀 VD1501。

（7）关闭 H1501 燃料气压力调节阀 PV1502 后截止阀 VD1502。

（8）关闭 H1501 炉头降温蒸汽调节阀 FV1531。

（9）按"在线燃烧炉 H1501 熄火停炉结束"确认按钮。

5. 操作

（1）继续运转循环 K1501，当 R1501 床层各点温度 TJI1504 低于 60～70℃，打开 H1501 点火仪表风联锁阀 ZV1505。

（2）打开 H1501 点火仪表风截断阀 VD1503，向 H1501 引入仪表风，开始进行钝化操作。

（3）在整个钝化过程中，控制 C1501 的酸水 pH 值，随时要加氨调整，保证 AI1502PH 显示在 6.0～8.0 之间。

（4）在整个钝化过程中，控制 R1501 床层各点温度 TJI1504 在 100℃以下。

（5）当温度没有超过 100℃，可逐渐增加仪表风量，仪表风不足时，打开 H1501 空气联锁阀 ZV1504。

（6）打开 H1501 空气流量调节阀 FV1502，引入 K1401 来的压缩空气，在床层温度不超过 100℃时，可逐步增加压缩空气量。

（7）打开 H1501 出口过程气管线上取样阀门 VD1579。

（8）按 H1501 出口过程气管线上"取样"按钮。

（9）当 H1501 出口过程气管线上取样显示 O_2 含量大于 20％，H_2S 和 SO_2 含量均小于 0.01％时，关闭 H1501 出口过程气管线上 SC1501 取样阀门 VD1579。

（10）打开 R1501 出口过程气管线上取样阀门 VD1580。

（11）按 R1501 出口过程气管线上"取样"按钮。

（12）当 R1501 出口过程气管线上取样显示 O_2 含量大于 20％，H_2S 和 SO_2 含量均小于 0.01％时，关闭 R1501 出口过程气管线上取样阀门 VD1580。

（13）当 R1501 床层温度 TJI1504 均低于 70℃时，停止空气和仪表风的吹扫，关闭 H1501 空气联锁阀 ZV1504。

（14）关闭 H1501 空气调节阀 FV1502。

（15）关闭 H1501 点火仪表风联锁阀 ZV1505。

（16）关闭 H1501 点火仪表风截止阀 VD1503。

（17）关闭 K1502 风机出口阀 VD1572。

（18）停运 K1502 风机。

（19）按"钝化结束"确认按钮。

6. 气循环

（1）钝化结束后，停止气循环，关闭循环风机 K1501 出口阀 FV1505。

（2）停运循环风机 K1501。

（3）关闭 1# 蝶阀。

（4）关闭 6# 碟阀。

（5）关闭 2# 蝶阀。

(6)关闭酸水循环泵 P1501A 出口阀 VD1511。

(7)停运酸水循环泵 P1501A。

(8)关闭酸水循环泵 P1501A 入口阀 VD1512。

(9)关闭 C1501 酸水流量调节阀 FV1504。

(10)停运酸水空冷器 E1502A。

(11)停运酸水空冷器 E1502B。

(12)关闭酸水后冷器 E1509 循环水进口阀 V1517。

(13)关闭酸水后冷器 E1509 循环水出口阀 VD1510。

(14)关闭 C1501 液位调节阀前切断阀 VD1515。

(15)关闭 C1501 液位调节阀后切断阀 VD1516。

(16)关闭 E1501 液位调节阀 LV1501 前切断阀 VD1509。

(17)关闭 E1501 液位调节阀 LV1501 后切断阀 VD1508。

(18)关闭 E1501 蒸汽出口阀 V1503。

(19)打开 C1501 底部排污阀 VD1520，排 C1501 酸水。

(20)排净后，关闭 C1501 底部排污阀 VD1520。

(21)按"气循环结束"确认按钮。

7.501 工业水水洗

(1)打开 C1501 底部工业水阀 VD1517，C1501 进工业水。

(2)当 C1501 液位 LIC1502 达到 30% 以上时，打开酸水循环泵 P1501A 入口阀 VD1512，灌泵排气。

(3)启运酸水循环泵 P1501A。

(4)打开泵 P1501A 出口阀 VD1511。

(5)打开 C1501 酸水流量调节阀 FV1504，调整循环量为 135 m³/h 左右，建立循环。

(6)当 C1501 液位 LIC1502 达到 50% 左右时，关闭 C1501 底部工业水阀 VD1517。

(7)控制 C1501 液位 LIC1502 为 50% 左右。

(8)循环 2 h(仿真操作 2 min 以上)后，关闭酸水循环泵 P1501A 出口阀 VD1511。

(9)停运酸水循环泵 P1501A。

(10)关闭酸水循环泵 P1501A 入口阀 VD1512。

(11)关闭 C1501 酸水流量调节阀 FV1504。

(12)打开 C1501 底部排污阀 VD1520 排污。

(13)排净后，关闭 C1501 底部排污阀 VD1520。

(14)按"还原段停产结束"确认按钮。

8.热循环

(1)停气后，继续对吸收再生段进行热循环，打开 C1502 底部取样阀 VD1581。

(2)按 C1502 底部"取样"按钮。

(3)当 C1502 底部取样显示富液中 H_2S 含量小于 0.1 g/L，关闭 C1502 底部取样阀 VD1581，停止热循环。

(4)关闭 E1508 蒸汽流量调节阀 FV1512。

(5)关闭 E1508 蒸汽流量调节阀 FV1512 前截断阀 VD1552。

（6）关闭 E1508 蒸汽流量调节阀 FV1512 后截断阀 VD1551。

（7）关闭 D1505 液位调节阀 LV1507。

（8）关闭 D1505 液位调节阀阀 LV1507 前截断阀 VD1558。

（9）关闭 D1505 液位调节阀 LV1507 后截断阀 VD1559。

（10）打开 D1505 底部排污阀 V1520。

（11）排净后,关闭 D1505 底部排污阀 V1520。

（12）按"热循环结束"确认按钮。

9. 冷循环

（1）继续循环到 C1503 底部温度 TJI1509 低于 55℃时,关闭贫液循环泵 P1503A 出口阀 VD1527。

（2）停运泵 P1503A。

（3）关闭泵 P1503A 入口阀 VD1528。

（4）关闭贫液循环量调节阀 FV1507。

（5）关闭小股贫液流量调节阀 FV1517。

（6）关闭小股贫液流量调节阀 FV1517 前截止阀 VD1531。

（7）关闭小股贫液流量调节阀 FV1517 后截止阀 VD1532。

（8）将 C1502 液位调节器 LIC1503 投手动,控制 C1502 液位调节阀 LV1503 的开度。

（9）当 C1502 液位 LIC1503 接近 10%左右时,关闭富液底泵 P1502A 出口阀 VD1533。

（10）停运泵 P1502A。

（11）关闭泵 P1502A 入口阀 VD1534。

（12）关闭 C1502 液位调节阀 LV1503。

（13）控制酸气分离器 D1502 液位 LIC1504 至 0 时,关闭酸水泵 P1504A 出口阀 VD1553。

（14）停运泵 P1504A。

（15）关闭酸水泵 P1504A 入口阀 VD1554。

（16）关闭 D1502 液位调节阀 LV1504。

（17）关闭 D1502 液位调节阀 LV1504 前截止阀 VD1543。

（18）关闭 D1502 液位调节阀 LV1504 后截止阀 VD1544。

（19）停运酸气空冷器 E1506A。

（20）关闭酸气后冷器循环水进口阀 V1513。

（21）关闭酸气后冷器循环水出口阀 VD1560。

（22）停运贫液空冷器 E1504A。

（23）关闭贫液后冷器 E1505 循环水进口阀 V1518。

（24）关闭贫液后冷器 E1505 循环水出口阀 VD1521。

（25）按"冷循环结束"确认按钮。

10. 回收溶液

（1）打开回收溶液管线到低位灌 D1503 的阀门 VD1566。

（2）打开 E1503 至储罐 T1501 的阀门 VD1571。

（3）当 C1503 液位 LI1506 接近 10%左右时,关闭 E1503 至储罐 T1501 的阀门 VD1571。

（4）打开 C1502 底部回收溶液阀门 VD1525,回收 C1502 溶液。

(5)排净后,关闭 C1502 底部回收溶液阀门 VD1525。

(6)打开 D1501 底部回收溶液阀门 V1509,回收 D1501 溶液。

(7)排净后,关闭 D1501 底部回收溶液阀门 V1509。

(8)打开 C1503 底部回收溶液阀门 VD1549,回收 C1503 溶液。

(9)排净后,关闭 C1503 底部回收溶液阀门 VD1549。

(10)当低位灌 D1503 液位达到 20% 以上时,启动溶液补充泵 P1505。

(11)打开泵 P1505 出口阀 VD1573。

(12)打开 1505 到储罐 T1501 的阀门 VD1570,将溶液打到储罐 T1501。

(13)当 D1503 溶液打净后,关闭泵出口阀 VD1573。

(14)停运泵 P1505。

(15)关闭泵 P1505 到储罐 T1501 的阀门 VD1570。

(16)关闭回收溶液管线到低位灌 D1503 的阀门 VD1566。

(17)打开酸气放空调节阀 PV1509,对酸气泄压。

(18)当 PIC1509 泄压为零后,关闭 PV1509 酸气放空调节阀。

(19)按"回收溶液结束"确认按钮。

11.除氧水水洗

(1)打开 C1503 底部氮气阀门 VD1546,对再生系统建压。

(2)当 PIC-1509 压力达到 80 kPa 左右时,关闭 C1503 底部氮气阀门 VD1546。

(3)将酸气放空调节器 PIC1509 投自动。

(4)将酸气放空调节器 PIC1509 设定值设定为 80 kPa。

(5)打开 C1503 底部除氧水阀 VD1548,C1503 进除氧水。

(6)当 C1503 液位 LI1506 有液位时,打开 E1503 进口贫液管线排气阀门 VD1542,排气 (0～30%)。

(7)排气完毕,关闭 E1503 进口贫液管线排气阀门 VD1542。

(8)当 C1503 液位 LI1506 达到 50% 左右时,打开泵 P1503A 入口阀 VD1528,灌泵排气。

(9)启动泵 P1503A。

(10)打开泵 P1503A 出口阀 VD1527。

(11)打开贫液循环量调节阀 FV1507,并控制循环量为 65 m³/h 左右。

(12)当 C1502 液位达到 50% 左右时,打开泵 P1502A 入口阀 VD1534,灌泵排气。

(13)启动泵 P1502A。

(14)打开泵 P1502A 出口阀 VD1533。

(15)打开 C1502 液位调节阀 LV1503,并控制液位在 50% 左右。

(16)当 C1502 和 C1503 液位均达到 50% 左右时,关闭 C1503 底部除氧水阀 VD1548。

(17)控制 C1502 液位 LIC1503 为 50% 左右。

(18)控制 C1503 液位 LI1506 为 50% 左右。

(19)循环 2 h(仿真操作 2 min 以上)后,关闭泵 P1503A 出口阀 VD1527。

(20)停运泵 P1503A。

(21)关闭泵 P1503A 入口阀 VD1528。

(22)关闭循环量调节阀 FV1507。

(23)关闭泵 P1502A 出口阀 VD1533。

(24)停运泵 P1502A。

(25)关闭泵 P1502A 入口阀 VD1534。

(26)关闭吸收塔 C1502 液位调节阀 LV1503。

(27)打开 C1502 底部排污阀 VD1526,对 C1502 排液。

(28)排净后,关闭 C1502 底部排污阀 VD1526。

(29)打开 C1503 底部排污阀 VD1550,对 C1503 排液。

(30)排净后,关闭 C1503 底部排污阀 VD1550。

(31)按"除氧水水洗结束"确认按钮。

12. 工业水水洗

(1)打开 C1503 底部氮气阀门 VD1546,对再生系统建压。

(2)当 PIC-1509 压力达到 80 kPa 左右时,关闭 C1503 底部氮气阀门 VD1546。

(3)打开吸收塔 C1502 底部工业水阀 VD1522,C1502 进工业水。

(4)当 C1502 液位 LIC1503 达到 50% 左右时,打开泵 P1502A 入口阀 VD1534,灌泵排气。

(5)启动泵 P1502A。

(6)打开泵 P1502A 出口阀 VD1533。

(7)打开 C1502 液位调节阀 LV1503,并控制液位在 50% 左右。

(8)当 C1503 液位 LI1506 达到 10% 左右时,打开 E1503 进口贫液管线排气阀门 VD1542,排气。

(9)排气完毕,关闭 E1503 进口贫液管线排气阀门 VD1542。

(10)当 C1503 液位 LI1506 达到 50% 左右时,打开泵 P1503A 入口阀 VD1528,灌泵排气。

(11)启动泵 P1503A。

(12)打开泵 P1503A 出口阀 VD1527。

(13)打开贫液循环量调节阀 FV1507,并控制循环量为 65 m³/h 左右。

(14)当 C1502 和 C1503 液位均达到 50% 左右时,关闭吸收塔 C1502 底部工业水阀 VD1522。

(15)控制 C1502 液位 LIC1503 为 50% 左右。

(16)控制 C1503 液位 LI1506 为 50% 左右。

(17)循环 2 h(仿真操作 2 min 以上)后,关闭泵 P1503A 出口阀 VD1527。

(18)停运泵 P1503A。

(19)关闭泵 P1503A 入口阀 VD1528。

(20)关闭循环量调节阀 FV1507。

(21)关闭泵 P1502A 出口阀 VD1533。

(22)停运泵 P1502A。

(23)关闭泵 P1502A 入口阀 VD1534。

(24)关闭吸收塔 C1502 液位调节阀 LV1503。

(25)打开 C1502 底部排污阀 VD1526,对 C1502 排液。

(26)排净后,关闭 C1502 底部排污阀 VD1526。

(27)打开 C1503 底部排污阀 VD1550,对 C1503 排液。

(28)排净后,关闭 C1503 底部排污阀 VD1550。

(29)按"工业水洗结束"确认按钮。

13. 氮气置换

(1)打开 D1501 顶部 5# 蝶阀。

(2)打开 C1502 底部氮气阀门 VD1524,进行氮气置换。

(3)打开 D1501 出口取样阀门 VD1578,进行取样。

(4)按 D1501 出口"取样"按钮。

(5)当 D1501 出口取样显示 H_2S 含量<0.01%后,关闭 D1501 出口取样阀门门 VD1578。

(6)关闭 C1502 底部氮气阀门 VD1524。

(7)打开 D1502 出口酸气放空压力调节阀 PV1509。

(8)打开 C1503 底部氮气阀门 VD1546,进行氮气置换。

(9)打开 D1502 出口取样阀门 VD1577,进行取样。

(10)按 D1502 出口"取样"按钮。

(11)当 D1502 出口取样显示 H_2S 含量<0.01%后,关闭 D1502 出口取样阀门 VD1577。

(12)关闭 C1503 底部氮气阀门 VD1546。

(13)当 PIC1509 显示为零后,关闭 D1502 出口酸气放空压力调节阀 PV1509。

(14)关闭 D1502 出口酸气放空压力调节阀 PV1509 前截止阀 VD1561。

(15)关闭 D1502 出口酸气放空压力调节阀 PV1509 后截止阀 VD1562。

(16)按"氮气置换结束"确认按钮。

14. 空气吹扫

(1)打开 C1502 底部工厂风阀门 VD1576,工厂风经 C1502 到 D1501 进行吹扫。

(2)打开 D1501 出口取样阀门 VD1578,进行取样。

(3)按 D1501 出口"取样"按钮。

(4)当 D1501 出口取样显示 O_2 含量>20%,H_2S 含量<0.01%时,关闭 D1501 出口取样阀门 VD1578。

(5)关闭 C1502 底部工厂风阀门 VD1576。

(6)关闭 D1501 出口 5# 蝶阀。

(7)打开 C1503 底部工厂风阀门 VD1547。

(8)打开 D1502 出口取样阀门 VD1577,工厂风经 C1503,E1506,E1507,D1502 进行吹扫。

(9)按 D1502 出口"取样"按钮。

(10)当 D1502 出口取样点,取样显示 O_2 含量>20%,H_2S 含量<0.01%时,关闭 C1503 底部工厂风阀门 VD1547。

(11)关闭 D1502 出口取样甩头阀门 VD1577。

(12)按"空气吹扫结束"确认按钮。

(13)按"吸收再生段停产结束"确认按钮。

15. SCOT 装置停产结束

确认还原段、吸收再生段均停产结束,按"SCOT 装置停产结束"确认按钮。

三、思考题

1. 为什么要对天然气进行凝液回收?

2. 醇胺脱酸气系统在运行中常遇到溶液的蒸发损失问题，在醇胺脱酸气工艺系统中有哪些措施能够减少胺液的蒸发损失？

3. 用于天然气脱水的吸附剂主要有哪几种？吸附剂的选择如何考虑？

4. 用框图的形式表示天然气的净化和加工流程，并加以说明。

情境四　污水处理操作实训

知识目标：掌握污水处理基本原理；

掌握污水处理工艺流程；

掌握污水处理的操作及注意事项。

能力目标：能够正确进行污水处理工作；

能够对污水处理中的常见问题进行处理。

素质目标：具有从事污水处理工作的职业素质。

项目十　污水处理站操作

任务一　污水处理流程操作概述

一、实训目的

污水中含有许多杂质，包括悬浮固体、胶体、浮油、分散油、乳化油等。为了使净化水达到排放标准，净化水质要按照《污水综合排放标准》GB8978—1996 有关规定执行。因此需要将原油中脱出的污水通过除油、混凝、沉淀与上浮、过滤、脱氧、防垢、缓蚀以及杀菌等工艺进行净化，如达到注水水源的标准则可作为注水水源，如不达标则进行清水流程使净化水达到注水水源的标准。

二、实训原理

污水经过重力式沉降罐通过重力沉降使油水分离，对分离出的污水进行加药混凝沉降，使小颗粒油滴进一步沉降出，污水再经过压力过滤罐过滤，达到净化水标准。污水处理过程的基本原理：

（1）重力除油：重力除油是指利用油和水的密度差，使油从水中上浮，达到油水分离的目的。重力除油需要有较大的油水分离容器，以便提供足够的沉降时间。目前常用的重力除油设备主要有储油罐和隔油池。

（2）化学除油：对于无水肿的水包油型乳状液形式存在的乳化油，必须通过化学破乳后，使细小的油滴相互聚合成较大的油滴，才能将其除去。这种通过向污水中加入一定的化学破乳剂，并使油滴聚合、沉降、分离的方法称为化学除油，也称为混凝除油或絮凝除油。

（3）过滤除油：过滤除油是指将含油污水通过一定厚度且多孔的粒状物质，通过外力、化学作用除去其中的微小悬浮物和油珠的方法。在含油污水处理的诸多环节中，过滤通常作为最后一道把关的环节。

4)聚结除油:聚结除油又称粗粒化除油,是将含油污水通过一个装有粗粒化材料的装置,使油滴在粗粒化材料上得到吸附,并聚结成大的油滴,从污水中分离出来。

5)气浮除油:在含油污水中通入空气(或天然气),使水中产生微细气泡,污水中的细小油滴或悬浮颗粒黏附在气泡上,随气泡一起上浮到水面,从而达到除油的目的。

三、实训器材

污水处理流程一套、仿真软件一套。

任务二 污水处理流程实训操作

一、污水处理流程导通操作

按开始训练按钮进入操作步骤提示,此时按钮变成完成确认,只有完成该条提示操作后,才能进入下一步骤。一般操作规程开始步骤是操作前检查,学员在检查步骤后按完成确认按钮,进入下一步操作。当操作前检查全部步骤完成后,进入正常操作步骤,此时完成确认按钮无法操作,当学员完成提示的设备操作后,自动出现下一步操作提示。每一个操作步骤在操作完成后在右侧屏幕会显示对应的动画播放(见图 4-1)。

图 4-1 污水处理工艺流程图

(1)检查确认站内设备、管线、阀门无泄漏,电气仪表灵活好用。

(2)开启自然除油罐进液阀,含油污水进罐。

(3)当含油污水达到液位要求时,打开自然除油罐出口阀、混凝沉降罐进口阀、污水进混凝沉降罐。

(4)全开增压泵进出口阀门,其中一路压力滤罐进出口阀门全开,净化水罐进出口阀门全开。

(5)当混凝沉降罐液位达到要求时,打开混凝沉降罐出口阀,启动加压泵。

(6)观察净化水罐液位上升,压力正常。

(7)根据液位及下站输量要求,开启净化水罐外输阀。

二、压力滤罐切换操作

(1)检查备用压力滤罐管线、阀门无泄漏。

(2)电气仪表灵活好用。

(3)开启备用压力滤罐进出口阀,观察压力正常,压力滤罐运行正常。

(4)关闭在用压力滤罐进出口阀。

(5)切换完成。

三、清水流程导通操作

当净化水没有达到注水水源标准时,净化水要经过清水流程再次进行净化以达到标准。

(1)检查设备管线、阀门无泄漏,电气仪表灵活好用。

(2)开启清水流程沿线阀门开 44101,44102,44105 或 44205,44106 或 44206,44108,44109,44117。

(3)全开净化水罐至清水流程阀门开 43103。

(4)启动增加泵启动 B44 或 B4402。

(5)观察压力液位正常,流程导通。

四、反冲洗流程操作

当压力滤罐的过滤效果变差后,通过反冲洗管线将滤网堵塞的杂质冲洗开。

(1)污水处理流程正常,反冲洗流程设备完好,仪表灵活好用。

(2)开启反冲洗水罐进口阀,收集反冲洗用水。开 43105,液位上升。

(3)全开反冲洗泵进出口阀门,开 43108 和 43109。

(4)关闭需反冲洗压力滤罐进出口阀,全开反冲洗阀。关 42104 或 42105,42106 或 42107,开 42117 或 42118。

(5)反冲洗水罐水位达到一定高度满足反冲洗量时,全关反冲洗水罐进口阀,全开反冲洗水罐出口阀,启动反冲洗泵。液位达到一定高度,关 43105、开 43106,启动 B4301。

(6)达到反冲洗时间后停反冲洗泵,关闭相应阀门,恢复流程。停 B4301,关 43108,43109,42117 或 42118,43106,43105。

五、污油流程操作

(1)确认污油箱液位处于低液位,确认阀门管线完好,仪表灵活好用。

(2)全开自然除油罐或混凝沉降罐污油阀。开 41104 或 41109。

(3)观察污油箱液位,若液位过高,开启污油泵出口阀,启动污油泵。达到高液位时,开 46103,启动 B4601。

(4)观察污油箱液位,达到低液位时停泵。达到低液位时,停 B4601。

(5)自然除油罐或混凝沉降罐排污完成后关闭排污阀。关 41104 或 41109。

(6)排污完成。

六、污水流程操作

(1)确认污油箱液位处于低液位确认阀门管线完好,仪表灵活好用。

(2)全开自然除油罐或混凝沉降罐或反冲洗水罐或净化水罐污水阀。开 41104 或 41109 或 43107 或 43104。

（3）观察污水池液位,若液位过高,开启污水泵出口阀,启动污油泵。达到高液位时,开45102,启动 B4501。

（4）观察污水池液位,达到低液位时停泵。达到低液位时,停 B4501。

（5）排污完成后关闭相应污水阀。关 41104 或 41109 或 43107 或 43104。

七、思考题

1.污水处理的基本原理有哪些?

2.立式储油罐的结构有哪些? 其工作原理是什么?

3.如何停运污水处理装置?

情境五 油气输送操作实训

知识目标: 掌握输油、输气基本原理;

掌握输油、输气工艺流程;

掌握输油、输气的操作。

能力目标: 能够正确进行输油、输气工作;

能够对输油、输气中的常见问题进行处理。

素质目标: 具有从事输油、输气工作的职业素质。

项目十一 输油站仿真实训

任务一 输油操作概述

一、实训目的

本输油站是某输油管网的一座中间枢纽输油站。该站输油设计规模为 2.52×10^6 t/年,主要功能为:接收 A 站、B 站和 C 站来净化油,对混合原油进行计量后,加热、加剂、加压,然后外输,具有接收与发送清管器功能。

二、实训原理

主生产流程:A 站、B 站来油经过交接计量,C 站来油经过检测计量后混合,进加热炉加热然后进输油泵加压,外输至 D 站。

次生产流程:A 站、B 站来油经过交接计量,C 站来油经过检测计量后混合进储罐,再从储罐经喂油泵提压,外输流量计检测计量、加热炉加热、输油泵加压,外输至 D 站。

吹扫流程:站内吹扫主要是由罐区吹扫头开始,经过喂油泵旁通、外输流量计旁通、加热炉旁通、输油泵旁通等,通过出站水击泄放管线进入储罐。

站内循环流程:在投产时,需要用热油在站内的工艺管道进行循环对管线预热。首先由储罐开始,经过喂油泵、外输流量计旁通,然后进加热炉加热,再经过输油泵旁通至清管器发射装置前,由站内循环管线进储罐。

进站超压泄放流程:当 C 站来油进站电动阀门意外关闭或者上站来油产生水击,导致进站压力超过设计压力时,进站泄放阀开启,通过进站泄放管线进储罐。

出站超压泄放流程:当白豹输油站输油出站压力超过设计压力时,出站泄放阀开启,通过出站泄放管线泄放进储罐。

三、实训器材

1. 主要设备(见表 5-1)

表 5-1　主要设备列表

站　名	内　容		单　位	数　量	备　注
××输油站	钢制拱顶储罐	$5\,000\ m^3$	具	4	
	橇装加药装置	LDJY-1.0-III	套	1	
	喂油泵	SY200-150-605　$Q=400\ m^3/h$　$H=80\ m$	台	2	
	输油泵	ZSY400-136×5　$Q=400\ m^3/h$　$H=680\ m$	台	2	
	出站超压泄放阀	4″Class600 RF	个	1	引进
	进站超压泄放阀	3″Class600 RF	个	1	引进
	清管器发射装置	LSM-F-DN350-PN10.0	套	1	
	清管器接收装置	LSM-J-DN250-PN6.3	套	1	
	燃料油罐	$10\ m^3$	具	2	

(1)储罐。

该站建设 4 具 $5\,000\ m^3$ 钢制拱顶储罐,其中 4# 罐兼做水击泄放罐。

(2)加热炉。

该站主要生产热负荷为原油升温及油罐保温,用 2 台 3 500 kW 真空相变加热炉,燃料为原油,油源取自管道,并设置 2 具 $10\ m^3$ 燃料油罐和燃料油泵为加热炉供油。

(3)输油泵。

输油泵采用 2 台排量为 400 m^3/h,扬程为 680 m 的国产离心泵,同时采用 2 台 400 m^3/h,$H=80\ m$ 国产离心泵作为输油泵喂油用。

(4)清管设施。

设计有轮浆式清管器接收装置和发射装置各一套。为了便于通球,清管器发射装置后的阀门选用通球性能良好的全通径涡轮球阀。

2. 工艺卡片

(1)闭式生产流程(见表 5-2)。

表 5-2　闭式流程工艺卡片列表

	A 站来油流量		0.00 m^3
	B 站来油流量		0.00 m^3
	C 站来油流量		331.00 m^3
	合计收到量		331.00 m^3
	合计外输量		331.00 m^3
	1# 外输流量计		331.00 m^3
A 站来油	压力		0.70 MPa
	温度		25.00℃

续 表

B 站来油	压力	0.70 MPa
	温度	25.00℃
C 站来油	压力	0.70 MPa
	温度	31.00℃
外输 D 站	压力	2.60 MPa
	温度	41.60℃
外输泵	1# 泵前压	0.60 MPa
	1# 泵后压	2.60 MPa
	2# 泵前压	0.00 MPa
	2# 泵后压	0.00 MPa
喂油泵	1# 泵前压	0.00 MPa
	1# 泵后压	0.00 MPa
	2# 泵前压	0.00 MPa
	2# 泵后压	0.00 MPa
燃料油泵	1# 泵前压	0.50 MPa
	1# 泵后压	0.00 MPa
	2# 泵前压	0.00 MPa
	2# 泵后压	0.00 MPa
储油罐	1# 罐液位	9.50 m
	2# 罐液位	9.50 m
	3# 罐液位	5.0 m
	4# 罐液位	1.0 m

(2)开式生产流程(见表 5 - 3)。

表 5 - 3　开式流程工艺卡片列表

A 站来油流量	0.00 m³
B 站来油流量	0.00 m³
C 站来油流量	0.00 m³
合计收到量	0.00 m³
合计外输量	331.00 m³
1# 外输流量计	331.00 m³

续 表

A 站来油	压力	0.70 MPa
	温度	25.00℃
B 站来油	压力	0.70 MPa
	温度	25.00℃
C 站来油	压力	0.70 MPa
	温度	31.00℃
外输 D 站	压力	2.60 MPa
	温度	41.60℃
外输泵	1# 泵前压	0.50 MPa
	1# 泵后压	2.60 MPa
	2# 泵前压	0.00 MPa
	2# 泵后压	0.00 MPa
喂油泵	1# 泵前压	0.00 MPa
	1# 泵后压	0.50 MPa
	2# 泵前压	0.00 MPa
	2# 泵后压	0.00 MPa
燃料油泵	1# 泵前压	0.50 MPa
	1# 泵后压	0.00 MPa
	2# 泵前压	0.00 MPa
	2# 泵后压	0.00 MPa
储油罐	1# 罐液位	9.50 m
	2# 罐液位	9.50 m
	3# 罐液位	5.0 m
	4# 罐液位	1.0 m

任务二　输油实训操作

一、闭式输油流程切换为开式输油流程操作

1.初始状态

密闭流程,输油生产正常。

2.工艺现象

流程要求:将密闭输油流程切换为开式输油流程,来油进 1# 储油罐,3# 储油罐外输,相关
设备使用第一组。

提示"将密闭输油流程切换为开式输油流程"。

3. 操作步骤

(1)导通 3# 储罐外输流程:汇报调度指挥中心;打开阀门 CG33。

(2)启动 1# 喂油泵:打开 WB14;打开放空阀门 WBF13;见油后关闭 WBF13;启动 1# 喂油泵;待表 PI030 达到额定值后,缓慢打开 WB11。

(3)停运来油进站低压调节及保护系统:打开 W5;关闭 W6;关闭 W7。

(4)导通来油进罐流程:打开 CG11;打开 WJ4;关闭 WJ13。

(5)停用来油进站低压泄放保护系统,关闭 XF11,XF13。

(6)汇报事故处理完成:汇报调度指挥中心。

二、切换加热炉操作

1. 初始状态

输油生产正常,1# 加热炉运行。

2. 工艺现象

提示"切换加热炉"。

3. 操作步骤

(1)切换加热炉,汇报调度指挥中心。

(2)检查 2# 加热炉水位,打开阀门 SS-2 补水到正常范围;补水到正常水位;水位正常后,关闭阀门 SS-2。

(3)打开 2# 加热炉原油出口阀门 L21、进口阀门 L22。

(4)停 1# 加热炉燃烧器,关闭 1# 加热炉原油进口阀门 L12,油出口阀门 L11。

(5)启动 2# 加热炉燃烧器。

(6)汇报事故处理完成:汇报调度指挥中心。

三、本站下游管线破裂操作

1. 初始状态

密闭流程,输油生产正常。

2. 工艺现象

外输泵泵压降低,外输流量增大,出站压力降低。出现时间为 10 s。

1# 流量计参数:流量急速上升到 430 m³。

1# 外输泵参数:泵进口压力为 0.6 MPa,泵出口压力迅速下降到 2 MPa。

白豹出站参数:出站压力迅速下降到 2 MPa,排量急速上升到 430 m³。

处理方法:上站来油改进储油罐,关闭出站阀门。

3. 操作步骤

(1)改进储罐:汇报调度指挥中心。

(2)打开 CG31 阀门来油进 3# 储油罐。

(3)打开 WJ4 来油进罐阀门。

(4)调节 1# 输油泵出口阀门 SB11,使泵出口压力高于 2.7 MPa。

(5)停 1# 输油泵;关闭 1# 输油泵出口阀门 SB1、进口阀门 SB12。

(6)关闭阀门 WJ13;打开出站超压泄压旁通阀门 XF21。

(7)汇报事故处理完成:汇报调度指挥中心。

四、加热炉盘管破裂操作

1. 初始状态

密闭流程,输油生产正常。

2. 工艺现象

加热炉进出、口压力降低,外输流量增大。现象出现时间为 10 s。

$1^{\#}$ 流量计参数:迅速增大到 360 m^3。

$1^{\#}$ 加热炉参数:进口压力迅速下降到 0.4 MPa,出口压力迅速下降到 0.4 MPa。

外输泵进口压力降至 0.4 MPa,出口压力降至 2.2 MPa。

本站出口压力降至 2.2 MPa。

3. 操作步骤

(1)切换加热炉:汇报调度指挥中心。

(2)停用 1 号加热炉燃烧器。

(3)打开 2 号加热炉出口阀门 L21、进口阀门 L22。

(4)关闭 1 号加热炉进口阀门 L12、出口阀门 L11。

(5)启动 2 号加热炉燃烧器。

(6)汇报事故处理完成:汇报调度指挥中心。

五、储油罐冒顶操作

1. 初始状态

开式流程(吴一联来油正常;外输停输,来油进 $1^{\#}$ 储油罐)。

2. 工艺现象

$1^{\#}$ 储油罐液位接近安全液位,即将冒顶。

3. 操作步骤

(1)切换储油罐:汇报调度指挥中心。

(2)打开 CG31 阀门;关闭 CG11 阀门。

(3)汇报事故处理完成:汇报调度指挥中心。

六、外输泵过滤器堵塞操作

1. 初始状态

开式流程(来油停输,正常外输悦联站;加热炉停用,加药系统停用),$3^{\#}$ 罐外输,开启 $1^{\#}$ 喂油泵,$1^{\#}$ 输油泵外输。

2. 工艺现象

$1^{\#}$ 输油泵过滤器堵塞,$1^{\#}$ 泵进油量不足。

$1^{\#}$ 喂油泵进口压力变化不大,出口压力上升至 0.7 MPa。

$1^{\#}$ 输油泵进口压力变化迅速降至 0.35 MPa,出口压力缓慢下降到 2.0 MPa,压力表读数上下波动,$1^{\#}$ 流量计读数下降到 200 m^3。

出站压力降至 2.0 MPa。

3. 操作步骤

(1)切换输油泵:汇报调度指挥中心。

(2)控制 $1^{\#}$ 外输泵出口控制阀门,使出口压力大于 2 MPa。

(3)打开 2#外输泵进口阀 SB22、出口管线上的放空阀 SBF22,放空后关闭 SBF22。

(4)启动 2#外输泵,打开 2#外输泵出口阀 SB21。

(5)停运 1#外输泵,关闭 1#外输泵出口阀 SB11、进口阀 SB12。

(6)汇报事故处理完成:汇报调度指挥中心。

七、来油流量计表头卡死操作

1.初始状态

密闭流程,输油生产正常。

2.工艺现象

1#外输流量计表头卡死,现场仪表、中控室仪表均无读数。

3.操作步骤

(1)切换流量计:汇报调度指挥中心。

(2)打开 2#流量计出口阀 WSJ22、进口阀 WSJ21。

(3)关闭 1#流量计进口阀 WSJ11、出口阀 WSJ12。

(4)汇报事故处理完成:汇报调度指挥中心。

八、全站停电操作

1.初始状态

密闭流程,输油生产正常。

2.工艺现象

所有设备停止运行(泵、炉等主要在用设备立即停车)。

3.操作步骤

(1)改全越站流程:汇报调度指挥中心。

(2)打开全越站阀门 001;关闭阀门 W6、XF11,隔离进站超低压泻放系统。

(3)关闭 1#输油泵出口阀 SB11、进口阀 SB12、

(4)当炉膛膛温降到规定值时,关闭 1#加热炉进口阀门 L12、出口阀门 L11。

(5)汇报事故处理完成:汇报调度指挥中心。

九、储油罐抽空操作

1.初始状态

开式流程(上站停输正常外输悦联站;加热炉停用,加药系统停用),3#罐外输,启动 1#喂油泵,1#输油泵外输。

2.工艺现象

3#储油罐液位接近最近液位,即将被抽空。

3.操作步骤

(1)汇报调度指挥中心。

(2)打开 CG24;关闭 CG34。

(3)汇报调度指挥中心。

十、输油泵机组切换操作

1.初始状态

输油生产正常,1#输油泵运行。

2. 工艺现象

提示"切换输油泵机组"。

3. 操作步骤

(1)汇报调度指挥中心。

(2)控制 SB11,打开 SB22 和 SBF22。放空后关闭 SBF22。

(3)启动 2# 外输泵,打开 SB21 停运 1# 外输泵。

(4)关闭 SB11/SB12。

(5)汇报调度指挥中心。

十一、启动站内循环流程操作

1. 初始状态

所有设备停运,所有阀门关闭,所有仪表处于正常备用或在用工作状态,4# 储油罐存有部分原油,可以满足站内循环流程启动工艺要求。

2. 工艺现象

提示"启动站内循环流程"。

3. 操作步骤

(1)汇报调度指挥中心。

(2)打开 CG43,WSJ3,L12,L11,002,001,W5,WJ3,WJ4,CG41。

(3)打开 WB14,WBF13;见油后关闭 WBF13;启动 1# 喂油泵;待 PI030 达到额定值后,缓慢打开 WB11。

(4)导通 RG13,RY4,RY5,RG11;启动 1# 燃料油供应泵;检查 1# 加热炉水位,打开 SS-1 补水,水位正常后关闭 SS-1;启动 1# 加热炉。

(5)汇报调度指挥中心。

十二、循环切换为正常闭式输油流程操作

1. 初始状态

站内循环,1# 炉、1# 喂油泵正常工作。

2. 工艺现象

提示"由站内循环流程切换为正常闭式输油流程"。

3. 操作步骤

(1)汇报调度指挥中心。

(2)停 1# 加热炉。

(3)停 1# 燃料油泵。

(4)停 1# 喂油泵;关闭喂油泵进出口阀门。

(5)打开 XF11,XF13,CG45,XF22,XF24,CG46。

(6)关闭 001,W5,WJ3,WJ4,WSJ3,002。

(7)开启 W3,W6,W7,W8,WJ11,WJ12,WJ13,WSJ11,WSJ12,Y4,W1,Y1。

(8)打开 SB12、SBF12;放空后关闭;启动 1# 外输泵;打开 SB11。

(9)启动 1# 燃料油供应泵。

(10)给 1# 加热炉补水,到正常水位后关闭 SS-1。启动 1# 加热炉。

(11)汇报调度指挥中心。

十三、改通流量计标定流程操作

1. 初始状态

输油生产正常(吴一联来油正常,白一联来油停输、姬白管道来油停输,正常外输悦联站;加药装置不启用;相关设备均启用第一组,如外输计量启用 1[#] 外输流量计等)。

2. 工艺现象

提示"对吴一联来油流量计进行标定,标定完成后恢复正常生产"。

3. 操作步骤

(1)汇报调度指挥中心。

(2)打开 BD8,BD9。

(3)关闭 WJ13。

(4)标定完成后打开 WJ13。

(5)关闭 BD8,BD9。

(6)汇报调度指挥中心。

十四、由闭式流程切换为全越站流程操作

1. 初始状态

密闭流程,输油生产正常(吴一联来油正常,白一联来油停输、姬白管道来油停输,正常外输悦联站;加药装置不启用;相关设备均启用第一组,如外输计量启用 1[#] 外输流量计等,1[#] 加热炉运行,1[#] 外输泵正常运行)。

2. 工艺现象

提示"将密闭输油流程切换为全越站输油流程"。

3. 操作步骤

(1)汇报调度指挥中心。

(2)停燃烧器,关闭 L12,L11;停齿轮泵 4/1,关闭燃油供应流程。

(3)关闭 XF11,XF13。

(4)停运 1[#] 输油泵,关闭 SB12,SB11。

(5)开启阀门 001,关闭 W6。

(6)汇报调度指挥中心。

十五、C 站来油清管器操作

1. 初始状态

密闭输油流程,生产正常。

2. 工艺现象

提示"改通相关流程,接收来油管道清管器"。

3. 操作步骤

(1)汇报调度指挥中心。

(2)打开 W2,打开 FQ3,空气排尽后关闭。

(3)打开 W4,关闭 W3,待清管器通过指示器动作后,确认清管器进入收球筒,开 W3,关 W2,W4,导通正常输油流程,开 WY3 放污油。

（4）汇报调度指挥中心。

十六、外输管线清管器操作

1. 初始状态

密闭输油流程，生产正常。

2. 工艺现象

提示"改通相关流程，发出外输悦联站管线清管器"。

3. 操作步骤

（1）汇报调度指挥中心。

（2）打开 Y5，打开 FQ4 放空，待空气排尽后关闭，打开 Y3，关闭 Y4。

（3）待清管器通过指示器动作后，确认清管器发出，打开 Y4，关闭 Y5，Y3，恢复输油流程，开 WY4。

（4）汇报调度指挥中心。

十七、思考题

1. 输油站的组成部分有哪些？

2. 输油中间站的可能流程有哪些？

3. 输油管道运行中的调节措施有哪些？

4. 长距离输油管道的水击有哪些特点？

5. 操作阀门有哪些注意事项？

项目十二　输气仿真操作

任务一　输气操作概述

一、实训目的

天然气管输系统的输气管线，按其输气任务的不同，一般分为矿场集气支线、矿场集气干线、输气干线和配气管线等四类。其中，输气干线是天然气处理厂或输气干线首站到城镇配气或工矿企业一级站的管线。

输气站与配气站往往结合在一起，它的任务是将上站输来的天然气分离除尘，调压计量后输往下站，同时按用户要求（如用气量、压力等），平稳地为用户供气。输气站还承担控制或切断输气干线的天然气流，排放干线中的天然气，以备检修输气干线等任务。

清管站有时也与输气站合并在一起，清管站的任务是向下游输气干线内发送清管器，或接受上游输气干线推动清除管内积水污物而进入本站的清管器，从而通过发送接受清管器的清管作业，清除输气管线内的积水污物，提高输气干线的输气能力。

二、实训原理

这个仿真系统的输气站流程是一个较为典型的输气干线起点的某个输气站的工艺流程。该站的任务是接收从净化厂（来气干线）及阀室（来气支线）的来气，执行天然气分离、计量，发送和接受清管球，向干线输气。

来气干线,由净化厂经净化的天然气,由来气干线管路,经进站球阀 HC101 进入汇管 1,分别经三路计量孔板进入汇管 2,在汇管 2 经 HC109 向输气干线输气。在汇管 2 中经 HC110 和清管球发送筒 1 和 HC111 构成清管球发放管路。

来气支线,由阀室来的未经净化的天然气经 HC106 进入汇管 3,由汇管 3 分别经两个分离器分 1,分 2,进入汇管 4。汇管 4 和汇管 1 由 HC108 连通。汇管 3 和汇管 4 另有副线连通。作为特殊情况时由净化厂向来气支线倒气用。

在汇管 1 上引出了站内生活用气的管路,经两个自力式调压阀降压到 0.003MPa(表压)在站内直接使用。

三、实训器材

1. 主要设备(见表 5-4)

表 5-4　设备列表

序号	位号	名称	序号	位号	名称
1	PRA104	干线来气压力	15	TI106	计1温度
2	PRA105	出站干线压力	16	TI107	计2温度
3	PRA106	支线来气压力	17	TI108	计3温度
4	PI101	计1压力	18	TI104	干线来气温度
5	PI102	计2压力	19	TI105	支线来气温度
6	PI103	计3压力	20	FIQ101	计1累积天然气　万方
7	PI126	汇管1压力	21	FIQ102	计2累积天然气　万方
8	PI127	汇管2压力	22	FIQ103	计3累积天然气　万方
9	PI128	汇管3压力	23	FIQ104	计4累积天然气　万方
10	PI129	汇管4压力	24	FT101	计1流量
11	PI122	站内用气压力	25	FT102	计2流量
12	DPI101	孔板流量计1压差	26	FT103	计3流量
13	DPI102	孔板流量计2压差	27	FT104	计4流量
14	DPI103	孔板流量计3压差			

2. 仪表(见表 5-5)

表 5-5　仪表列表

序号	位号	名称	序号	位号	名称
1	FIQ101	计1累积天然气　万方	21	PI102	计2压力
2	FIQ102	计2累积天然气　万方	22	PI103	计3压力
3	FIQ103	计3累积天然气　万方	23	PI126	汇管1压力

续表

序号	位号	名称	序号	位号	名称
4	FIQ104	计4累积天然气 万方	24	PI127	汇管2压力
5	FT101	计1流量	25	PI128	汇管3压力
6	FT102	计2流量	26	PI129	汇管4压力
7	FT103	计3流量	27	PI122	站内用气压力
8	FT104	计4流量	28	PI124	来气干线放空线压力
9	DPI101	孔板流量计1压差	29	PI125	出站干线放空线压力
10	DPI102	孔板流量计2压差	30	PI123	来气支线放空线压力
11	DPI103	孔板流量计3压差	31	PI111	汇3汇4连通压力
12	TI106	计1温度	32	PI112	分1压力
13	TI107	计2温度	33	PI114	分2压力
14	TI108	计3温度	34	PI116	过滤器前压力
15	TI109	来气干线温度	35	PI117	过滤器后压力
16	TI110	来气支线温度	36	PI118	调压器1后压
17	PI107	干线来气压力	37	PI120	调压器2后压
18	PI108	出站干线压力	38	PA119/PIS119	生活用气压力
19	PI109	支线来气压力	39	PI121	计4压力
20	PI101	计1压力			

3. 操作参数(见表 5-6)

表 5-6 操作参数列表

名 称	位号	正常值	报警下限	报警上限	单 位
干线进气压力	PRA104	3.846	3.82	3.86	MPa
支线进气压力	PRA105	3.866	3.84	3.88	MPa
干线出气压力	PRA106	3.818	3.8	3.84	MPa
站内用气压力	PI122	0.003	0.002	0.004	MPa

四、思考题

1. 何为输气管道?

2. 输气管道末端储气的作用?

3. 输气管道的调节有哪些?

任务二　输气实训操作

一、输气起点操作步骤

1. 发放清管球

(1)检查发送筒仪表和阀门(按检查按钮)(BUT4.OP)。

(2)开放空阀 VD108 放空(VD108.OP)。

(3)开放空阀 V115 放空(V115.OP)。

(4)开直接放空阀 V123 放空(V123.OP)。

(5)放空至 0(PI130.PV)。

(6)开小头和进气线之间的旁通阀(V130.OP)。

(7)打开盲板(MB101.OP)。

(8)放入清管球(按放球按钮)(BUT5.OP)。

(9)关闭盲板(MB101.OP)。

(10)关闭放空阀 V123(V123.OP)。

(11)关闭放空阀 Vd108(VD108.OP)。

(12)关闭直接放空阀(V115.OP)。

(13)关小头和进气线之间的旁通阀(V130.OP)。

(14)开阀 HC110 平衡压力(HC110.OP)。

(15)压力平衡(PI130.PV)。

(16)开阀 HC111(HC111.OP)。

(17)关阀 HC109(此时 HC110 必须开)(HC109.OP)。

(18)开 HC109 恢复供气(HC109.OP)。

(19)关 HC111 和 HC110 将清管器发送筒隔离(HC111.OP)。

(20)关 HC111 和 HC110 将清管器发送筒隔离(HC110.OP)。

(21)开放空阀放空(VD108.OP)。

(22)开放空阀放空(V115.OP)。

(23)开直接放空阀放空(V123.OP)。

(24)放空至 0(PI130.PV)。

(25)打开盲板检查球是否发出(MB101.OP)100。

(26)关闭盲板(MB101.OP)100。

2. 分离器 1 清洗

(1)开分 2# 的前阀 VD116(VD116.OP)。

(2)开分 2# 的后阀 VD115(VD115.OP)。

(3)关闭 VD113 和 VD114(VD113.OP)。

(4)关闭 VD113 和 VD114(VD114.OP)。

(5)开放空阀 V126,分离器 1 放空(V126.OP)。

(6)放空至 0(PI113.PV)。

(7)开清水阀 V118(V118.OP)。

(8)关水阀 V118(V118.OP)。

(9)开根部排污阀(V124.OP)。

(10)开总排污阀(VD110.OP)。

(11)开总排污阀(V120.OP)。

(12)关排污阀(V124.OP)。

(13)关总排污阀(VD110.OP)。

(14)关总排污阀(V120.OP)。

(15)打开分离器人孔(RK101.OP)。

(16)关闭人孔(RK101.OP)。

(17)关闭放空(V126.OP)。

(18)打开前阀,充压验漏(VD114.OP)。

(19)验漏(BUT6.OP)。

3.分离器 1 排污

(1)开分 2# 的前阀 VD116(VD116.OP)。

(2)开分 2# 的后阀 VD115(VD115.OP)。

(3)关闭 VD113 和 VD114(VD113.OP)。

(4)关闭 VD113 和 VD114(VD114.OP)。

(5)开分 1 排污阀 V124(V124.OP)。

(6)开排污总阀 VD110(VD110.OP)。

(7)开排污总阀 V120(V120.OP)。

(8)关排污总阀 VD110(VD110.OP)。

(9)关排污总阀 V120(V120.OP)。

(10)关分 1 排污阀 V124(V124.OP)。

(11)打开前阀,充压验漏(VD114.OP)。

(12)验漏(BUT6.OP)。

4.出站压力过低

(1)开分 2 的前后阀 VD115,VD116,启动 2# 分离器(VD115.OP)。

(2)开分 2 的前后阀 VD115,VD116,启动 2# 分离器(VD116.OP)。

(3)开计 3 线的前后阀(HC104,VD106),启用计 3 线(HC104.OP)。

(4)开计 3 线的前后阀(HC104,VD106),启用计 3 线(VD106.OP)。

(5)调整压力回原值(PRA105.PV)。

5.出站压力过高

(1)关闭 HC106(HC106.OP)。

(2)关闭 HC108(HC108.OP)。

(3)关闭分 1# 的前后阀 VD113 和 VD114(VD113.OP)。

(4)关闭分 1# 的前后阀 VD113 和 VD114(VD114.OP)。

(5)调整出站压力回到原值(PRA105.PV)。

6.来气干线爆管

(1)汇报。

(2)关 HC101(HC101.OP)。

(3)启用分离器 2 开 VD115 和 VD116(VD115.OP)。

(4)启用分离器 2 开 VD115 和 VD116(VD116.OP)。

(5)开进站放空线 V101 和 VD101,放空(V101.OP)。

(6)开进站放空线 V101 和 VD101,放空(VD101.OP)。

(7)放空至 0(PRA104.PV)。

7. 出站干线爆管

(1)汇报(BUT1.OP)。

(2)关闭 HC109(HC109.OP)。

(3)通知用户(BUT3.OP)。

(4)开汇管 3 和汇管 4 之间的阀门 VD112(VD112.OP)。

(5)开出站放空 VD109,V116(VD109.OP)。

(6)开出站放空 VD109,V116(V116.OP)。放空至 0(PRA105.OP)。

二、输气站操作步骤

1. 清管器接收筒 1 的收球(判断清管球已经进入可操作范围:2 km 内)

(1)开电动球阀 HC251,平衡电动球阀 HC252 的压力(PI264 - PI266<0.1)。

(2)开电动球阀 HC252。

(3)关闭电动球阀 HC249。

(4)控制开放空阀 V239,观察放空口是否有污物排出。

(5)等待放空口有污物(MK201)排出。

(6)关闭放空阀 V239。

(7)开排污阀 V235 引球。

(8)监听球是否进入清管器接收筒 1(打开 ZS201)。

(9)开电动球阀 HC249。

(10)关闭电动球阀 HC252。

(11)关闭电动球阀 HC251。

(12)开放空阀 VD261。

(13)开放空阀 V236 。

(14)开现场放空阀 V239。

(15)放空清管器接收筒 1 压力 PI264 至 0。

(16)开盲板(MB201),取球。

(17)开水阀 V240 清洗清管器接收筒 1。

(18)等待清管器接收筒 1 清洗干净。

(19)关闭水阀 V240。

(20)关闭盲板(MB201)。

(21)关闭放空阀 VD261。

(22)关闭放空阀 V236。

(23)关闭放空阀 V239。

(24)关闭排污阀 V235。

(25)复位清管球信号 ZS201。

2.检修调压阀 PCV204,起用备用调压阀 PCV206(为稳定流量,先改 PIC204 到手动,改 PIC206 到手动)

(1)打开电动球阀 HC244。

(2)打开球阀 VD253。

(3)手动缓慢打开调压阀 PCV206。

(4)手动缓慢关小调压阀 PCV204。

(5)调压阀 PCV206 开度到 50。

(6)调压阀 PCV204 开度到 0。

(7)切断调压阀 PCV204 前阀门:HC242。

(8)切断调压阀 PCV204 后阀门:VD251。

(9)开阀 V270,放空。

(10)放空 PI251 压力至 0 MPa。

(11)放空 PI254 压力至 0 MPa(再改 PIC206 回到自动)。

3.分离器 1 清洗

(1)切断前阀 HC246。

(2)切断后阀 VD254。

(3)打开放空阀 V207。

(4)放空至 PI237 到 0。

(5)打开分离器人孔(RK204)。

(6)打开水阀 V204。

(7)清洗至干净(CLEAN)。

(8)关闭水阀 V204。

(9)关闭人孔(RK204)。

(10)关闭放空阀 V207。

(11)打开前阀 HC246。

(12)打开后阀 VD254。

4.分离器 5 排污

(1)切断分离器 5 前阀 HC219。

(2)切断分离器 5 后阀 VD237。

(3)打开分离器 5 下的排污阀 V254(控制速度)。

(4)打开总排污球阀 VD241。

(5)缓慢打开总排污阀 V262。

(6)分离器 5 压力 PI248 至 0。

(7)关闭总排污阀 VD241。

(8)关闭总排污阀 V262。

(9)关闭分离器 5 下的排污阀 V254。

(10)打开分离器 5 前阀 HC219。

(11)打开分离器 5 后阀 VD237。

三、紧急事故处理

1. 来气二线上游爆管或有故障(从来气一线倒气,需要排放进站干线二线的天然气)

(1)向调度室汇报情况。

(2)通知来气二线上游。

(3)通知下游用户1。

(4)通知下游用户2。

(5)关闭电动球阀 HC263。

(6)打开 HC264,从来气一线倒气,保障下游用气。

(7)开二线进站前放空阀 VD266。

(8)开二线进站前放空阀 V247。

(9)放空至二线 PRA201 压力为 0。

(10)放空至 PI267 压力为 0。

2. 下游干线管线出现爆管或故障1(注意:将控制阀 PIC201,PIC202 切换到手动)

(1)向调度室汇报情况。

(2)通知下游输气干线。

(3)通知上游来气二线。

(4)通知下游用户1。

(5)通知下游用户2。

(6)关闭球阀 VD214。

(7)关闭球阀 HC233。

(8)关闭球阀 VD232。

(9)当 PI267(约为 3.00 MPa 时) 大于 PI266 压力时,打开两来气之间的连接阀 HC264,将二线气倒入一线下游。(此时如果流程稳定,可以将 PCV201 关闭,将 PCV202 开度为 20,转换为自动控制,调压值设定为 1.855 MPa。)

3. 下游干线出故障或爆管2(由汇管5倒气到汇管1,经一线分离器调压阀进入一线下游,手动控制 PCV201,PCV202 的开度,保证二线下游两用户的压力和流量,误差20%内)

(1)向调度室汇报情况。

(2)通知下游输气干线。

(3)通知上游来气二线。

(4)通知下游用户1。

(5)通知下游用户2。

(6)关闭 VD214。

(7)关闭电动球阀 HC233。

(8)关闭 VD232。

(9)汇管5压力上升至≥3.00 MPa。

(10)打开电动球阀 HC217。

(11)打开 VD257,二线气进入汇管1,经分离器调压阀进入一线下游(此时如果流程稳定,可以将 PCV201 关闭,将 PCV202 开度为 20,转换为自动控制,调压值设定为 1.855 MPa)。

4.下游干线出故障或爆管3(不需要一线调压,只是由二线调压,由阀 VD231 进入一线下游)

注意:手动控制 PCV201,PCV202 的开度,保证下游两用户的压力和流量。

(1)向调度室汇报情况。

(2)通知下游输气干线。

(3)通知上游来气二线。

(4)通知下游用户 1。

(5)通知下游用户 2。

(6)关闭 VD214。

(7)关闭 HC233。

(8)关闭 VD232。

(9)打开 HC211。

(10)关闭 HC212。

(11)关闭 VD233。

(12)汇管 6 达到 2.805 MPa。

(13)打开 VD231。

(此时如果流程稳定,可以将 PCV202 开度为 50,转换为自动,设定调压值 2.805 MPa。)

四、思考题

1.为什么输油气站中受压设备需要设置安全阀?

2.阀门安装时一般的注意事项有哪些?

3.阀门操作和日常维护的一般要求有哪些?

4.阀门关不严是什么原因?怎样处理?

5.阀门填料渗漏是什么原因?怎样处理?

6.腰轮流量计在安装和使用过程中应注意哪些问题?

参 考 文 献

[1]　王遇冬.天然气处理原理与工艺[M].北京:中国石化出版社,2007.

[2]　王遇冬,何宗平.天然气处理与安全[M].北京:中国石化出版社,2008.

[3]　陈赓良.天然气处理与加工工艺原理及技术进展[M].北京:石油工业出版社,2010.

[4]　李士伦.天然气工程[M].北京:石油工业出版社,2000.

[5]　宫敬,翁维珑,吴明胜.油气集输与储运系统[M].北京:中国石化出版社,2006.

参 考 文 献